Schriftenreihe der Technischen Universität Wien

Gesamtschriftleitung:
o. Univ.-Prof. Dr. E. Bancher

Band 5

Herausgegeben von der Universitätsdirektion
Technische Universität Wien

Aktuelle Probleme der Energiewirtschaft

Herausgegeben von
Univ.-Prof. Dipl.-Ing. Dr. L. Bauer

In Kommission bei Springer-Verlag Wien/New York

Die Drucklegung dieser Broschüre
erfolgte mit Unterstützung des Bundesministeriums
für Wissenschaft und Forschung

Gestaltung: H. Susan-Gfatter, Dipl.-Ing. K. Semsroth,
Karlsplatz 13, A-1040 Wien
Offsetdruck: Holzwarth & Berger Ges. m. b. H., Börseplatz 6, A-1010 Wien
Printed in Austria

ISBN 3-211-81449-3 Springer-Verlag Wien/New York
ISBN 0-387-81449-3 Springer-Verlag New York/Wien

INHALT

VORWORT

Das Ende 1973 gegründete Institut für Energiewirtschaft an der Technischen Universität Wien will seinen Auftrag auf den Gebieten von Lehre und Forschung im weitesten Sinne verstanden wissen. Deshalb ist auch beabsichtigt, im Rahmen von öffentlichen Groß-Seminaren, unbeeinflußt vom Tagesgeschehen, energiewirtschaftliche Probleme sowohl von der technischen wie auch wirtschaftlichen Sicht, wissenschaftlich exakt und neutral darzustellen. Die Technische Universität Wien will damit u. a. auch zeigen, daß sie sich ihrer Stellung und ihrer Aufgaben in der Gesellschaft nicht nur bewußt ist, sondern auch beitragen will, Verständnis für relevante Entwicklungstendenzen und -aspekte aufzuzeigen und darüber hinaus, auf Grund des Echos und der Anregungen aus dem Kreis der Seminar-Teilnehmer, weitere Themen aufzugreifen und zu behandeln.

Das erste "Energiewirtschaftliche Seminar" wurde in zwei Folgen im Winter-Semester 1974/1975 und im Sommer-Semester 1975 im Rahmen des Außeninstitutes der Technischen Universität Wien mit einer durchschnittlichen Teilnehmerzahl von 80 durchgeführt. In der vorliegenden Broschüre sind die dabei gehaltenen 10 Referate in gestraffter Form wiedergegeben. Die günstige Aufnahme, die diese Vortragsreihe gefunden hat, gibt Veranlassung, diese Art der Information und Diskussion über Stand und Entwicklung auf dem energiewirtschaftlichen Sektor in den folgenden Studienjahren mittels Groß-Seminaren für Studenten und Fachleute von Behörden, aus Industrie und Wirtschaft fortzusetzen.

Den Herren Vortragenden, die sich in selbstloser Weise zur Verfügung stellten, dem Univ.-Assistenten Herrn Dr. W. Fiala, der die redaktionelle Überarbeitung vornahm, sowie den Mitarbeitern und -arbeiterinnen des Außeninstitutes für die organisatorische Arbeit sei ebenso wie dem Rundfunk und der Tagespresse für ihre Berichterstattung gedankt. Besondere Anerkennung gebührt dem Bundesministerium für Wissenschaft und Forschung in Hinblick auf die finanzielle Unterstützung, die die Drucklegung dieser Broschüre ermöglichte. Ebenso sei dem Österreichischen Nationalkomitee der Weltenergiekonferenz und dem Österreichischen Verband für Elektrotechnik für die gewährte Hilfe Dank gesagt.

Wien, Sommer 1976   Univ.-Prof. Dipl.-Ing. Dr. L. Bauer
                                    Vorstand des Institutes für Energiewirtschaft
                                                    TU Wien

DER DERZEITIGE STAND DER ENERGIEWIRTSCHAFT NACH DEN ERGEBNISSEN DER TAGUNG 1974
(DETROIT) DER WELTENERGIEKONFERENZ (WEK)

Univ.-Prof. Dipl.-Ing. Dr. Leopold Bauer

Vorstand des Institutes für Energiewirtschaft an der TU Wien

Die Weltenergiekonferenz - dieses vor 52 Jahren gegründete internationale Gremium
hielt im September des Jahres 1974 seine 24. Tagung unter Teilnahme von fast 3000
Spezialisten in Detroit ab - hat sich mit der komplexen Problematik der Energiewirtschaft gesamthaft befaßt und es ist daher angezeigt, nun einige ganz wenige,
aber aussagekräftige Feststellungen und Erkenntnisse dem Seminar voranzustellen.
Die überall als solche bezeichnete "Energiekrise" gibt es nämlich gar nicht, sondern es gibt nur eine Krise der Wirtschaftspolitik und eine starke Störung im
allzumenschlichen Daseinsbereich. Bei der Lösung dieser beiden tiefgründigen Probleme mitzuhelfen, ist eine schöne und verantwortungsvolle Aufgabe der Technik,
der sie sich, wie die Konferenz in Detroit zeigte, nicht entziehen will und es
auch gar nicht darf. Die technische Wissenschaft kann nur zur friedlichen Lösung
beitragen; die Bedeutung und Wichtigkeit dieses ihres Beitrages hängt aber letztlich vom Wollen und vom Verständnis der Politiker ab.

Energievorräte und -produktion (Stand etwa 1974):

Welt-Energie-Reserven[1]	insgesamt vorhanden	nach derzeit wirtschaftli-chen u. techn. Gegebenheiten gewinnbar	Erzeugung[2] 1971	1972
Feste Brennstoffe 10^9 t-SKE[3]	10 755	551	2,39	2,43
Erdöl 10^9 t-SKE		119	3,17	3,34
Erdgas 10^9 t-SKE		69,9	1,53	1,62
Wasserkraft TWh	80 000	10 300[5] [6]	1 300[7]	1 390[8]
Uran 10^3 t		5 000 (U_3O_8)[9]	18,5	19,2

1) WEK
2) UNO
3) 1 kg-SKE = 7 000 kcal
   1 kcal = 4,1868 . 10^3 J
   1 kWh = 860 kcal
4) Das in Schiefer und Tonsanden allein in Nordamerika vorhandene Öl wird auf
   zweimal so groß wie die gesamtsicheren Erdölvorräte der Welt geschätzt
5) 10 300 TWh mit 2 340 GW

6) bei 95-%-Trockenheit: 4 340 TWh mit 540 GW

7) 1 300 TWh mit 300 GW

8) Die gesamte Energieerzeugung aus Wasserkraft und Kernenergie zusammen betrug im Jahre 1972, umgerechnet auf Steinkohleeinheiten, $0,18 \cdot 10^9$ t-SKE

9) entspricht $4,25 \cdot 10^6$ t Uranmetall

Die Tabelle über die Energievorräte und -produktion stellt eine mit Stand 1974 erarbeitete Zusammenfassung dar und läßt erkennen, daß z. B. die nach derzeitigen wirtschaftlichen und technischen Gegebenheiten gewinnbaren Kohlevorräte bei derzeitigem Verbrauch noch für 200 Jahre reichen würden, bzw. die Erdöl- und Erdgasvorräte noch für etwa 30 Jahre usw. Sollte tatsächlich die Zahl der Menschen auf rund 15 Milliarden (von derzeit etwa 4 Milliarden) bis zum Jahre 2000 anwachsen, und ist man bereit, ohne Rücksicht auf die Gewinnungskosten die vorhandenen Energieträger zu nutzen, dann ist die Energieversorgung mit herkömmlichen Energieträgern bis über das Jahr 2000 hinaus gesichert. Der Mensch verbraucht die fossilen Brennstoffe ungefähr 1 Million mal schneller als diese von der Natur geschaffen wurden, indem er die in einigen hundert Millionen Jahren gebildeten Karbone in nur wenigen hundert Jahren verbrennt. Vom Standpunkt der Natur ist der Mensch - so wurde es in Detroit ausgedrückt - "ein revolutionäres, katastrophales Wesen, das sich benimmt, wie keine andere Kreatur gewagt hätte, es zu tun". Nun aber kann das heutige Energiepotential an Kernbrennstoffen, sobald das Uran in Brutreaktoren genutzt wird, auf das Hundertfache gesteigert werden, und durch Fusionskernkraftwerke, in denen Deuterium- und Tritiumatomkerne verschmolzen werden, könnte dieses Potential weiter verzwanzigfacht, und bei Ausnutzung des gesamten Weltvorrates an Deuterium in weiter entwickelten Reaktoren der heutige Energiebedarf sogar mehrere millionenmal gedeckt werden.

Es besteht also keine Veranlassung für eine hysterische Beurteilung der Energiesituation, noch ist ein Grund für grenzenlosen Optimismus vorhanden. Die derzeitigen Schwierigkeiten in der Energieversorgung ergeben sich vor allem aus der Ungleichheit der Aufteilung der Vorkommen auf die einzelnen Staaten: Die Abhängigkeit der an Energievorkommen armen Länder von solchen mit großen Energiereserven könnte politisch mißbraucht werden und zu "Abhängigkeit" führen.

In nächster Zeit sollten also weltweit und vorrangig, dies könnte man als Ergebnis der Detroiter Weltenergiekonferenz-Diskussion im Jahre 1974 zusammenfassen, folgende Probleme behandelt und gelöst werden:

1. Bestmöglicher Einsatz bzw. Nutzung fossiler Energieträger, d. h. die Energiebedürfnisse so weit wie möglich reduzieren und Wärmeverluste verringern. Weiters Prozeßwärme nutzen, Wirkungsgrade von ortsgebundenen und beweglichen Umwandlungsanlagen erhöhen, arbeits- und transportintensive Strukturen ändern und

Sparmaßnahmen durchführen usw.

2. Die Vermehrung der Bevölkerung in tragbaren Grenzen halten; derzeit ist eine Verdopplung in rund 35 Jahren feststellbar, aber auf Grund der Verbesserungen der Lebensbedingungen scheint sich der Zeitabschnitt, in welchem eine Verdopplung eintritt, wesentlich zu verkleinern.

3. Umfang der "wirtschaftlich gewinnbaren" fossilen Energieträger für einen gewissen Zeitabschnitt erweitern. Dazu ist aber auch ein Umdenken aller erforderlich: auf gewisse Lebensgewohnheiten verzichten, d. h. Wünsche verkleinern und mehr arbeiten, z. B. um den größeren Aufwand für die Bergarbeiter oder die höheren Gewinnungskosten für Öl aus Sanden zu bezahlen. Oder mit anderen Worten gesagt: Der derzeit angewendeten wirtschaftlichen Praxis der westlichen Industriegesellschaft, die im allgemeinen auf Besitzergreifen und Verbrauch einer möglichst großen Anzahl von Gütern und Dienstleistungen beruht, muß mit einer geänderten Einstellung bzw. Politik begegnet werden, die solche Tendenzen hintanhält und welche die auf einem solchen Wertsystem beruhenden Lebensgewohnheiten ändert bzw. ersetzt. Hier gleich ein Wort zu unserer progressiven Jugend: diese sollte sich weniger der "defekten Gesellschaft" annehmen, sondern ihre Aggressivität mehr beim Studium, und vor allem beim Auf- und Ausbau der Ingenieurwissenschaften abbauen.

4. Schrittweiser Ersatz der fossilen Energieträger durch Wasserkraft, geothermische Energie bzw. durch Anwendung neuer Möglichkeiten wie Nutzung von Sonnenenergie, Windenergie, Temperaturgefälle von Meeren; Einsatz von Wasserstoff in energiewirtschaftlichen Bereichen. Vorweg sei aber festgestellt, daß einige der genannten Energiequellen nur örtliche Bedeutung mit keinem großen Einfluß auf die Sicherung der Bedarfsdeckung haben. Dazu gehört auch die Weiterentwicklung auf dem Sektor der Spalt- und Fusionsenergie, über deren Möglichkeit und Bedeutung für die Energieversorgung später sicherlich Wesentliches gebracht werden wird.

5. Internationale Zusammenarbeit in allen Energiefragen, beginnend bei der Erstellung relevanter statistischer Unterlagen mit allseitigen, laufenden, wirtschaftlichen sowie technologischen Informationen und gemeinsame Bemühungen zur Sicherstellung einer preisgerechten und ausreichenden, rohstoffsparenden und umweltgerechten Energieversorgung auf der ganzen Welt.

6. In allen Fragen des Umweltschutzes ist im Zusammenwirken aller Betroffenen und mit hohem Verantwortungsbewußtsein eine optimale Lösung zu suchen, wobei der Zeitfaktor eine große Rolle spielt. Legistische Vorkehrungen sind hiebei nötig, die das Dasein schlechthin sichern, aber auch die Weiterentwicklung der Zivilisation nicht verhindern. Die Technik beherrscht ebenso die Lösung aller derzeit bekannten Umweltprobleme wie Erwärmung, Verschmutzung der Luft durch Schwefel

und Kohlendioxid, wie jene der Ölverseuchung, Lärmbelästigung usw.: die Mehrkostenfrage ist aber entscheidend. Diese Kostenfrage ist kein technischen Problem, sondern ein solches der Wirtschaftspolitik und der Einstellung zum Leben, also auch eine sozialpolitische Frage. Die Sicherheit der Kernkraftwerke ist ein besonderes Problem - aber auch hier können voraussichtlich alle Risiken auf ein verantwortbares Minimum gebracht werden.

Der Techiker darf sich nicht nur auf sein umfassendes technisches Können und seine Wirtschaftskenntnisse verlassen, er muß auch ein großes Risikobewußtsein aufweisen und über ein ausgeprägtes Rechtsempfinden verfügen. Die vom Außeninstitut der Technischen Universität Wien regelmäßig veranstalteten Seminare auf dem energiewirtschaftlichen Sektor sollen auch dazu beitragen, Verständnis und Bereitschaft für nicht immer populäre Maßnahmen in der Zukunft zu wecken.

ENERGIE AUS NUKLEAREN ANLAGEN

Univ.-Prof. Dipl.-Ing. Dr. Harald Weiss

Vorstand des Instituts für Allgemeine Elektrotechnik und elektrische
Meßtechnik an der TU Graz

1 Einleitung

Bei der Anwendung der Kernenergie zur Energieversorgung lassen sich zwei bzw. drei
Phasen erkennen. Die erste kann man als Demonstrationsphase bezeichnen, in der es
vor allem darum ging, die Wirtschaftlichkeit der Kernenergieverwertung zu bewei-
sen. Nicht zuletzt führten zum Teil große staatliche Zuwendungen dazu, daß die
Kernenergie schließlich konkurrenzfähig wurde.

Die zweite Phase fällt mit dem steigenden Umweltbewußtsein der letzten Jahre zusammen und ist durch die von verschiedenen - leider auch von inkompetenten - Seiten zum Teil emotionell vorgebrachte Kritik am steigenden Einsatz der Kernenergie
gekennzeichnet. Neuere Analysen zeigen weiters, daß zur kurz- und mittelfristigen
Energieversorgung alle für den großtechnischen Einsatz verfügbaren Primärenergieträger in unterschiedlichem Umfang aber möglichst optimal eingesetzt werden müssen. Es gibt eben keine Patentlösung in der Energieversorgung. Diese Tatsachen
könnten den Übergang zur dritten Phase bei der Anwendung der Kernenergie darstellen, in der die Kernenergie die ihr zukommende Rolle als Primärenergieträger unter Einhaltung entsprechender Sicherheitsvorkehrungen übernehmen wird.

Wie sehen nun die Ressourcen-Verhältnisse bei der Kernenergie aus? Die Uran- und
Thoriumerze in der Kostenklasse unter 60 $/kg (das sind $9 \cdot 10^6$ t) würden beim
Einsatz in thermischen Reaktoren heutiger Bauart bei einer Gesamtausnützung des
Brennstoffes von 0,45 % einen Energieinhalt von $0,11 \cdot 10^{12}$ t-SKE ($9 \cdot 10^5$ TWh
thermisch) entsprechen. Dies ist 1,2 % des Energieinhaltes der fossilen Brennstoffe, d. h. der heutige Energiebedarf könnte nur etwa 12 Jahre gedeckt werden.
Dieses Ergebnis ist nicht allzu ermutigend. Würde hingegen der Brennstoff in
schnellen Brutreaktoren fortgeschrittener Bauart eingesetzt werden, so ergibt
sich bei einer Gesamtausnutzung des Brennstoffes von 75 % ein Energieinhalt, der
dem zweifachen Wert der fossilen Brennstoffe entsprochen würde.

Bei der hypothetischen Verwendung der Uranvorkommen im Meerwasser (Gehalt 33 g/t
und 1 % Gewinnung) und in der Erdkruste (Gehalt 12 g/t und $3 \cdot 10^{-4}$ % Gewinnung)
ließe sich maximal der 66fache Energieinhalt der fossilen Brennstoffe erreichen.
Obwohl dadurch die Energieversorgung auf Basis der Kernspaltung zwar langfristig
sichergestellt werden könnte, ist sie andererseits doch zeitlich begrenzt.

Erst die nukleare Energiegewinnung auf Basis der Kernverschmelzung (Fusion) wird eine beträchtliche Steigerung der Verwertung der nuklearen Brennstoffvorräte der Erde, d. h. in diesem Fall des Deuteriums, ermöglichen. Beim Deuteriumgehalt der Weltmeere von $3,3 . 10^{-3}$ % und einer möglichen Verwertung von 0,1 % ergebe sich ein ausnutzbarer Energieinhalt von rund $2.4 . 10^{17}$ t-SKE (etwa $2 . 10^{12}$ TWh), d. h. etwa der $2,7 . 10^4$ fache Wert des Energieinhaltes der fossilen Brennstoffe.

Aus dieser Gegenüberstellung kann zweierlei entnommen werden:

1. daß es darauf ankommt, nach welchen Prinzipien die Kernspaltung angewendet wird und

2. daß als Alternativen zu den fossilen Brennstoffen auf lange Sicht nur die D-D-Fusions-Reaktion und (natürlich) die Sonnenenergie in Frage kommen.

Gegenwärtig ist der Anteil der Kernenergie an der Deckung des Primärenergiebedarfes weltweit gesehen noch keineswegs von Bedeutung. Er beträgt kaum 1,5 % der Primärenergie und rund 5 % der Elektrizitätserzeugung. Schon in 10 Jahren rechnet man aber mit einem Anteil um 10 % (30 % der Elektrizitätserzeugung) und 1995 mit 22 % (52 % der Elektrizitätserzeugung).

Abb. 1 zeigt die Prognose für die Bundesrepublik Deutschland, die einen ähnlichen Verlauf aufweist. Es ist nun anzunehmen, daß selbst wenn die Energiezuwachsraten niedriger als vorausgesetzt gehalten werden können, nicht der Einsatz der Kernenergie gedrosselt werden wird, sondern eher der Mineralölanteil, da - abgesehen von wirtschaftlichen Erwägungen - infolge der global günstiger verteilten Uranvorkommen eine gesicherte Energieversorgung auf Basis der Kernenergie leichter möglich sein dürfte als auf Basis des Mineralöls.

2 Reaktorbauarten

Die Kernspaltungsreaktoren können nach verschiedenen Gesichtspunkten eingeteilt werden, nämlich

- nach der Art der nuklearen Reaktion (ob mit thermischen oder schnellen Neutronen)
- nach dem Brennstoff und der Anreicherung (Uran, Thorium, Plutonium)
- nach der Art des Moderators bei thermischen Reaktoren (leichtes Wasser, schweres Wasser, Graphit)
- nach der Art des Kühlmittels (leichtes Wasser, schweres Wasser, Dampf, CO_2, Helium, N_2O_4, Natrium).

Durch Kombination der einzelnen Möglichkeiten ergibt sich grundsätzlich eine Vielzahl von verschiedenen Reaktorbauarten, von denen im Lauf der Zeit sich nur einige wenige durchgesetzt haben.

Der heute am meisten eingesetzte Reaktor ist der Leichtwasserreaktor mit den beiden Baulinien des Druckwasserreaktors und des Siedewasserreaktors. Der Leichtwas-

- 8 -

serreaktor ist ein thermischer Reaktor, bei dem die Moderierung und Kühlung durch leichtes Wasser erfolgt. Er verwendet leicht angereichertes (maximal 3,5 % U^{235}) Uran in UO_2-gefüllten Brennstäben. Das Dampferzeugungssystem des Druckwasserreaktors ist durch zwei Kreisläufe gekennzeichnet. Der Primärkreislauf steht unter einem so hohen Wasserdruck (150 bar), daß bei der Temperatur von 320 °C keine Verdampfung im Kern eintreten kann. Im Sekundärkreislauf entsteht Sattdampf, der der Turbine zugeführt wird. Diese Anordnung hat den grundsätlichen Vorteil, daß das Primärkühlmittel nicht in den Turbinenkreislauf gelangt, und dieser daher auch bei Störfällen, d. h. Austritt von radioaktiven Stoffen aus den Brennstäben in das Kühlmittel, voll zugänglich bleibt. Beim Siedewasserreaktor ist nur ein Kreislauf vorgesehen. Die Verdampfung des Kühlmittels erfolgt im Kern und nach einem Wasserabscheider über dem Kern tritt Sattdampf (70 bar) aus dem Druckgefäß aus. Der Sattdampf wird direkt der Turbine zugeführt, wodurch sich ein geringfügig besserer Wirkungsgrad gegenüber dem Druckwasserreaktor ergibt. Allerdings gelangen radioaktive Produkte im Kühlmittel in den Turbinenkreislauf.

Leichtwasserreaktoren besitzen vier Barrieren gegen den Austritt radioaktiver Spaltprodukte in die Umgebung:

1. der Brennstoff UO_2 hält durch den Diffusionswiderstand Spaltprodukte aus dem Inneren zurück
2. die Brennstabhülle aus Zircalloy oder rostfreiem Stahl. Bei der Herstellung wird besonders auf einwandfreie Schweißnähte geachtet und eine strenge Qualitätskontrolle angewendet. Trotzdem kann es vorkommen, daß einige der 25.000 bis 30.000 Brennstäbe eines Leichtwasserreaktors Undichtheiten aufweisen
3. der Kühlkreislauf. Er besteht aus dem Druckgefäß, den Rohrleitungen, Armaturen, Dampferzeugern usw
4. der Sicherheitsbehälter, der den Reaktor und beim Druckwasserreaktor den gesamten Primärkreislauf einschließt. Er hat die Aufgabe, auch bei Störfällen den Austritt radioaktiver Stoffe in die Umgebung zu verhindern.

Einige Ziele der Weiterentwicklung des Leichtwasserreaktors sind:
1. Steigerung der Verfügbarkeit
2. Steigerung der Blockleistung (auf 2.000 MW_{el})
3. weitere Erhöhung der Sicherheit und Senkung der Abgaberaten radioaktiver Stoffe
4. Steigerung der Genauigkeit bei der Überwachung der Leistungsdichte im Kern im Hinblick auf höhere Sicherheit und Ausnutzung des Kerns.

Obwohl die Zeitverfügbarkeit bei Leichtwasserreaktoren mit 70 bis 80 % und darüber schon recht gut ist, wird doch eine weitere Steigerung angestrebt durch:
1. Verringerung der Standzeiten infolge von Störungen und Fehlern in den Kühl-

kreisläufen

2. Verkürzung der Brennstoffladezeiten

3. Standardisierung von Komponenten und Bauteilen und damit leichtere Reserve-
   haltung.

Eine wesentliche Ursache für Betriebsausfälle sind Störungen an den - doch eigentlich konventionellen - Kühlkreisläufen. Der Grund dafür dürfte in der schnellen
Zunahme der Druckgefäßabmessungen und Wandstärken liegen. Hinsichtlich der Blech-
herstellung und Schweißung lassen sich bewährte Konstruktionen nicht ohne weiteres auf größere Abmessungen extrapolieren. Von der Materialseite werden daher Entwicklungen durchgeführt, die zum Einsatz von besonders behandelten Behälterbau-
stählen mit höheren Festigkeiten führen sollen (z. B. ASTM A 543).

Besondere Bedeutung kommt der Komponentenprüfung zu. So werden bei dickwandigen
Komponenten heute rund 10mal mehr Prüfungen vorgenommen als noch vor 10 Jahren.
An einem Siedewasserreaktor sind z. B. zwischen 1.000 und 2.000 Schweißnahtprü-
fungen erforderlich. Neben der Ultraschall- und Durchstrahlungsprüfung dürfte in
Zukunft die Untersuchung der Schallemission mechanisch beanspruchter Bauteile
(acoustic emission) große Bedeutung erlangen.

Zur Frage, ob ein Versagen des Druckbehälters in die Überlegungen zum "größten
anzunehmenden Unfall" (GAU) einzubeziehen sind, wurde eine Vielzahl von Arbeits-
proben und Probeschweißungen unter extrem ungünstigen Bedingungen hergestellt.
Das Ergebnis war, daß bei einwandfreier Konstruktion, Materialauswahl, Fertigung,
Druckprüfung und Wiederholungsprüfung die mehrfach redundante Sicherheit ein Versagen der Druckbehälter praktisch ausschließt.

Zur Steigerung der Verfügbarkeit durch Senkung der Brennstoffnachladezeit wurden
- vor allem in den USA - Untersuchungen durchgeführt, die zeigten, daß eine starke Senkung der Nachladezeit auch wesentliche ökonomische und betriebliche Vorteile bringen kann. Für einen Druckwasserreaktor wurde ein Schnelladesystem entwikkelt, mit dem die erforderliche Ladezeit von bisher 34 Tagen auf 7 Tage verkürzt
werden kann. Dadurch kann eine durchschnittliche Erhöhung der Verfügbarkeit von
4 % erreicht werden, die vor allem dadurch zustandekommt, daß nach einigen Jahren
Betriebszeit der Anteil der Wartungsperioden kleiner wird als die bisher benötigte Nachladezeit. Ein weiterer wesentlicher Gesichtspunkt ist, daß infolge der
verringerten Ladezeit die Strahlenbelastung des Personals um etwa den Faktor 4
gesenkt werden kann.

Der Helium-gekühlte Hochtemperaturreaktor ist letztlich eine Weiterentwicklung
des CO_2-gekühlten Graphitreaktors, der in Form der Calder-Hall-Typen schon 1958
kommerziell Strom geliefert hat. Die britischen und französischen gasgekühlten
Natururanreaktoren werden nach den anfänglichen Erfolgen wegen der hohen Anlage-

kosten und des hohen Personalbedarfs ebenso wie die englischen Advanced Gas-cooled Reactors nicht mehr gebaut.

Der Hochtemperaturreaktor ist vor allem attraktiv wegen der höheren Dampftemperatur (510 ^{o}C) und dem daher höheren Wirkungsgrad. Dadurch können die Abwärmeprobleme verringert werden, was sich auf die Standortauswahl erleichternd auswirkt und auch den Einsatz von Trockenkühltürmen ermöglicht. Darüber hinaus wird der Hoch-Temperaturreaktor den Einsatz der Kernenergie zur Prozeßwärmeerzeugung ermöglichen und somit zu einer bedeutenden Ausweitung des Anteils der Kernenergie an der Primärenergieversorgung führen. Es bestehen kaum Zweifel, daß der Hochtemperaturreaktor die Basis für die zweite Generation der Kraftwerke darstellen dürfte.

Der Hochtemperaturreaktor wird in zwei wesentlich verschiedenen Baulinien entwikkelt und hergestellt, die sich durch die Form und die Einsatzweise der Brennelemente unterscheiden. Abb. 2 zeigt schematisch beide Bauformen: die in USA entwikkelte mit blockförmigen Brennelementen und die in der BRD verfolgte mit kugelförmigen Brennelementen. In beiden Fällen ist der eigentliche Brennstoff angereichertes Uran und Thorium in Form kleiner Kugeln, die mit pyrolythischem Kohlenstoff (bzw. Silicium-Carbid) beschichtet sind und Durchmesser zwischen 0,2 und 0,8 mm haben. Diese heute ausreichend erprobten "coated particles" werden entweder mit Bindern zu stabförmigen Elementen verarbeitet und dann in Bohrungen in hexagonalen Graphitblöcken eingesetzt, wobei einige Bohrungen zum Durchtritt des Heliums freigelassen werden, oder mit Graphitpulver zu Kugeln von 60 mm Ø verarbeitet, wobei außen eine 5 mm starke brennstofffreie Zone gebildet wird.

Der Reaktorkern mit dem Heliumkreislauf einschließlich der Dampferzeuger und Gebläse ist in einem Spannbetonbehälter untergebracht, der auch als biologische Abschirmung dient.

Im Gegensatz zu Leichtwasserreaktoren erfolgt die Brennstoffzufuhr beim Hochtemperaturreaktor während des Betriebes. Beim Kugelhaufenprinzip besteht die Möglichkeit, die Kugeln entweder mehrere Male oder nur einmal durch den Kern laufen zu lassen. Der einmalige Durchlauf erfolgt dabei so langsam, daß sie während des Durchlaufs abgebrannt werden.

Weiterentwicklungen des Hochtemperaturreaktors werden in Richtung der Einkreisanlage, d. h. Vereinigung von Kühlkreislauf und Turbinenkreislauf durchgeführt. Durch Verzicht auf den Dampferzeuger und Einbau der 1.000-MW-Heliumturbine in den Spannbetonbehälter wird eine sehr kompakte Bauweise erreicht, von der man eine Reduktion der Anlagekosten erhofft.

Bei Steigerung der Gasaustrittstemperatur auf 950 ^{o}C könnte der Hochtemperaturreaktor als eine wirtschaftliche Quelle zur Prozeßwärmeerzeugung herangezogen wer-

den. Es besteht dann die Möglichkeit, diese nicht nur als Wärmequelle für herkömm-
liche Prozesse einzusetzen, sondern auch für Umwandlung langfristig verfügbarer
fossiler Energieträger in synthetische Gase, die als Rohstoffe für die chemische
Industrie und für die Treibstoffherstellung dienen können. Diese seit Jahren dis-
kutierten Anwendungen sind gerade in letzter Zeit besonders aktuell geworden.

Der schnelle Brutreaktor wird erst für die langfristige Energieversorgung eine
Rolle spielen. Für die mittelfristige dürfte sein wirtschaftlicher Einsatz zu spät
erfolgen, da er jetzt noch in der Phase der technisch-industriellen Entwicklung
steht. Der Brutreaktor ist durch einen kleinen Kern mit sehr hohen Leistungsdich-
ten gekennzeichnet. Um den Kern ist ein Brutmantel angeordnet, in dem durch Neu-
tronenabsorption aus U^{238} spaltbares Material "erbrütet" wird. Durch geeignete
Auslegung kann mehr Spaltmaterial erzeugt werden, als zum Betrieb des Reaktors
verbraucht wird. Die Zeit, bis sich das ursprünglich eingesetzte Brennstoffinven-
tar verzweifacht hat, wird als Verdopplungszeit bezeichnet. Als Primärkühlmittel
wird heute weitgehend Natrium verwendet, das die Neutronen nicht abbremst und damit einen optimalen Ablauf des Brutprozesses ermöglicht, und um bei den hohen Lei-
stungsdichten die Wärme abtransportieren zu können.

3 Stand der Kernkraftwerke

Aus der Tabelle Abb. 3, die den Stand Mitte 1974 wiedergibt, ist der dominierende
Anteil der Leichtwasserreaktoren mit rund 75 % der in Betrieb befindlichen Kernkraftwerke ersichtlich, wobei 56,5 % auf Druckwasserreaktoren und 43,5 % auf Sie-
dewasserreaktoren fallen. Bei den in Bau befindlichen Kraftwerken fallen auf die
Leichtwasserreaktoren bereits 85 % und auf die in Auftrag gegebenen sogar rund
94 %. Der Druckwasserreaktor übernimmt dabei einen steigenden Anteil von 55 % der
in Bau befindlichen und von 66 % der bestellten Einheiten. Dieser Vergleich zeigt
zweierlei: erstens, daß der Leichtwasserreaktor seinen großen Marktanteil kurzfristig noch bedeutend ausweitet (94 %), er beherrscht praktisch den Markt, und zwei-
tens, daß der Marktanteil für den Siedewasserreaktor eine abnehmende Tendenz hat.

Während von den in Betrieb befindlichen Reaktoren noch fast 15 % den Baulinien der
CO_2-gekühlten Graphitreaktoren angehören, liegen hiefür keine Bestellungen vor;
diese Baulinien werden eingestellt.

Von Schwerwasser-Natururanreaktoren sind etwa gleich viel in Betrieb, in Bau und
bestellt. Der Marktanteil geht daher zurück. Ebenso sind die schnellen Brutreaktoren, die andere Sonderbaulinie, hinsichtlich der installierten Kraftwerksleistung gegenwärtig nicht von Bedeutung.

Den größten prozentuellen Zuwachs an Bestellungen weist aber der Hochtemperaturreaktor auf.

Die in der Tabelle· ersichtliche Tendenz ist auch in der Abschätzung der Marktanteile für die einzelnen Reaktortypen für den Zeitraum bis 1990 ersichtlich (Abb. 4). Obwohl prozentuell der Anteil der Leichtwasserreaktoren zurückgeht (auf 60 % im Jahr 1990), wird die installierte Leistung bis 1990 und darüber stark ansteigen. Die Abschätzungen für die installierte Leistung an Leichtwasserreaktoren im Jahr 1990 beträgt 850 GW_{el}.

Welches sind nun die Gründe für die dominierende Stellung des Leichtwasserreaktors?

1. Anlehnung an die konventionelle Technologie der fossil befeuerten Kraftwerke.
2. In den meisten Industrieländern ist eine leistungsfähige Industrie zur Fertigung von Leichtwasserreaktoren und Komponenten (Kessel-, Behälterbau) vorhanden.
3. Die Materialprobleme können als gelöst oder lösbar betrachtet werden. Dies trifft auch auf die Wasserchemie zu.
4. Große Betriebserfahrungen mit Leichtwasserreaktoren in 84 Anlagen und genaue Betriebsstatistiken liegen vor.
5. Der wirtschaftliche Betrieb der Anlagen ist längst erwiesen.
6. Die Sicherheitsphilosophie der Leichtwasserreaktoren ist gut ausgearbeitet.
7. Die Bewilligungsbehörden haben die meiste Erfahrung mit Leichtwasserreaktoren, wodurch sich kürzere Bewilligungzeiten ergeben.
8. Es gibt gegenwärtig eben noch keine echte Alternative zum Leichtwasserreaktor.

4 Uranversorgung

Auf Grund der geplanten Ausbaukonzepte für Kernkraftwerke in den einzelnen Ländern läßt sich der mittel- und langfristige Uranbedarf zu Herstellung von Brennelementen abschätzen. Abb. 5 zeigt den abgeschätzten Bedarf an Uran der westlichen Welt bei Einsatz von thermischen Reaktoren. Ab 1985 ergibt sich für den Bedarf ein Bereich mit einer unteren und oberen Grenze. Die untere Grenze gilt für Planungen, die zu Beginn des Jahres 1973 durchgeführt wurden. In vielen Ländern werden aber seither diese Ausbaupläne für die Kernenergie revidiert und größere Steigerungen vorgesehen.

1974 betrugen die sicheren Uranreserven der westlichen Welt etwa $2,3 \cdot 10^6$ sht U_3O_8 in der Kostenklasse bis 33 $/kg. Diese Angaben sind durch die Auffindung neuer Uranvorkommen relativ starken Änderungen unterworfen. So stieg die Angabe für die sicheren Uranreserven in den letzten Jahren um etwa 10 % pro Jahr. Die in der Kostenklasse bis 66 $/kg geschätzte Uranreserve beträgt heute $4,6 \cdot 10^6$ sht U_3O_8.

Hinsichtlich der geographischen Verteilung der Uranlagerstätten kann man feststellen, daß bei keinem der fossilen Primärenergieträger so günstige Voraussetzungen für die Versorgungssicherheit bestehen wie beim Uran.

Unter der Annahme, daß keine weiteren Uranvorkommen mehr gefunden werden, ergibt sich bei dem vorausgesagten Uranbedarf an der unteren Grenze, daß dieser durch Uranreserven in der Kostenklasse bis 33 $/kg bei Einsatz von thermischen Reaktoren bis etwa 1993 gedeckt werden kann. In den thermischen Reaktoren wird Plutonium 239 erzeugt, das auch als Kernbrennstoff eingesetzt werden kann. Durch die Rückführung des Plutoniums zum Einsatz in Reaktoren könnte allerdings der Bedarf nicht eimal um ein zusätzliches Jahr gedeckt werden.

Ab 1990 kann jedoch mit dem Einsatz schneller Brutreaktoren gerechnet werden. Wenn man nun annimmt, daß ab 1990 an die 50 % der Reaktorzubaurate in Form schneller Brutreaktoren erfolgt, kann eine wesentliche Verbesserung der Uranversorgungslage erreicht werden, wenn es gelingt, die heute üblichen Verdopplungzeiten von 10 bis 15 Jahren auf unter 10 Jahre zu senken. Unter der Annahme einer Verdopplungszeit von 5 Jahren und einem genügenden Vorrat an abgereichertem Uran ließe sich z. B. die Versorgung bis über das Jahr 2000 sicherstellen, wie aus Abb. 5 entnommen werden kann. (Der Anstieg der punktierten Kurve der Uranreserven bedeutet natürlich nicht, daß die Uranreserven ansteigen, sondern wird durch die Abnahme des Bedarfs an neuem Uran durch den Einsatz der Brutreaktoren verursacht.) Der Einsatz von Brutreaktoren mit Verdopplungszeiten um 15 Jahre unter sonst gleichen Bedingungen könnte die angenommene Uranversorgungslage mittelfristig dagegen kaum verändern. Wenn mit der maximalen Kernkraftwerkszubaurate gerechnet wird, kann auch die Verwendung der Uranreserven in der Kostenklasse bis 66 $ je kg U_3O_8 die Versorgung nur bis etwa 1997 sicherstellen. Man erkennt, daß sowohl der Auffindung und der Erschließung neuer Uranlagerstätten, als auch dem Einsatz von Brutreaktoren mit möglichst kleinen Verdopplungszeiten große Bedeutung zukommen. Außerdem könnte die Preissituation auf dem Primärenergiemarkt die Gewinnung von Uran in noch höheren Kostenklassen wirtschaftlich werden lassen.

Neben der Deckung des Uranbedarfes muß auch das Augenmerk auf die Kapazität der Urananreicherungsanlagen gerichtet werden, da kurz- und mittelfristig ein Großteil des Uranbedarfes in Form von angereichertem Uran entstehen wird, weil selbst noch gegen Ende dieses Jahrhunderts der größte Teil der Energiegewinnung in thermischen Reaktoren stattfinden wird.

Durch volle Auslastung der heute nur teilweise ausgelasteten Kapazitäten der amerikanischen Diffusionstrennanlagen und durch den Bau von weiteren Trennanlagen in den USA und in Europa (auf dem Zentrifugenprinzip) wird auf dem Sektor der Urantrennung kein Engpaß zu erwarten sein. Auch die UdSSR bietet neuerdings Lohnanreicherungsdienste auf dem westlichen Markt an. Der jährliche Bedarf der westlichen Welt an Urantrennarbeit wird von gegenwärtig rund 10.000-t-UTA über etwa 30.000-t-UTA im Jahre 1980 auf mehr als 100.000-t-UTA 1990 ansteigen. Durch langfristige Verträge wird sichergestellt, daß die Kapazität für die erforderliche Urantrennarbeit zu einer bestimmten Zeit zur Verfügung steht.

- 14 -

Das für die Anreicherungskapazität Gesagte gilt entsprechend auch für die Brenn-
elementaufarbeitungskapazität, allerdings unter der Voraussetzung, daß der Betrieb bestehender und in Bau befindlicher Anlagen nicht durch Probleme auf dem Be-
willigungssektor erschwert wird. Auch hinsichtlich der Abfallagerkapazität sind
dies die einzigen Bedenken.

5 Standardisierung, Bewilligungsverfahren

Aus den bisherigen Ausführungen kann entnommen werden, daß in technischer Hinsicht
das große Programm zum Bau von Kernenergieanlagen durchaus verwirklicht werden
kann. Nicht so klar liegen die Verhältnisse aber bei der Standortwahl und der Ab-
wicklung der Bewilligungsverfahren. Wenn man bedenkt, daß allein in der Bundesrepublik Deutschland zwischen 1980 und 1990 weitere Kernkraftwerke mit einer Gesamt-
leistung von etwa 46 GW_{el}, d. h. 38 Anlagen mit der heutigen Blockleistung von
etwa 1.200 MW_{el} errichtet werden sollen, erkennt man, welcher große Arbeitsumfang
von den Planungsgruppen allein zur Auswahl geeigneter Standorte und von den Behörden bei der Durchführung der Bewilligungsverfahren geleistet werden muß. Es
scheint klar, daß sich das Kernenergieprogramm nur dann realisieren läßt, wenn
alle Anstrengungen unternommen werden, um eine möglichst weitgehende Standardisierung der Kernkraftwerksanlagen und damit unter anderem eine Rationalisierung der
Bewilligungsverfahren zu erreichen. Wenn auch keine "Reaktortypengenehmigung" erreichbar sein wird, so kann doch schon die Standardisierung einzelner in den Anlagen immer wiederkehrender Komponenten und Bauteile zu einer beträchtlichen Ver-
einfachung und Einsparung an Zeit für das Bewilligungsverfahren führen. Auf keinen
Fall darf aber die Sicherheit der Anlagen dadurch beeinträchtigt werden.

6 Zusammenfassung

Zusammenfassend kann festgestellt werden, daß in technischer Hinsicht alle Voraussetzungen gegeben sind, um das große Bauprogramm für Kernkraftwerke zu realisieren. Der weitaus größte Anteil wird dabei in den nächsten 20 Jahren immer noch
dem Leichtwasserreaktor zufallen.

Mit dem heute bekannten Uranvorkommen kann die Versorgung nur bis Ende des Jahrhunderts sichergestellt werden. Daran ändert auch der Einsatz von Brutreaktoren
mit den heute erreichten Verdopplungszeiten grundsätzlich nichts. Durch Auf-
schließung neuer Uranvorkommen und Weiterentwicklung der Brutreaktoren dürfte sich
aber der Bedarf bis zum Einsatz der Fusionsreaktoren, etwa in der Mitte des nächsten Jahrhunderts, decken lassen.

Literatur

Ross, Ph. N.: Development of nuclear energy economy. Westinghouse Power
   Systems (1973).

Simen, R.: Auch Kraftwerke brauchen Zeit. Bild der Wissenschaften 5 (1974), S. 96.

Krymm, R., et al.: The role of nuclear Power in the future energy supply in the
   world. Weltenergiekonferenz, Detroit 1974.

Mandel, H.: Strukturen der nuklearen Stromerzeugung in den 70er und 80er Jahren.
   atomwirtschaft (1973), S. 18.

Schmidt-Küster, W.-J., Popp, M.: Die Rolle der Kernenergie in der Energiepolitik.
   Jahrbuch der Atomwirtschaft (1974).

Krämer, M., et al.: HTR-Weiterentwicklung zu Einkreisanlagen und für die Nutzung
   von Prozeßwärme. atomwirtschaft (1974), S. 390.

Keltsch, E.: Mittel- und langfristige Sicherstellung der Kernbrennstoffversorgung.
   atomwirtschaft (1974), S. 334.

Hünlich, H. F.: Entwicklungsaussichten der Kernenergie für die Elektrizitäts-
   wirtschaft und die kerntechnische Industrie. Atom und Strom (1974), S. 1.

- 16 -

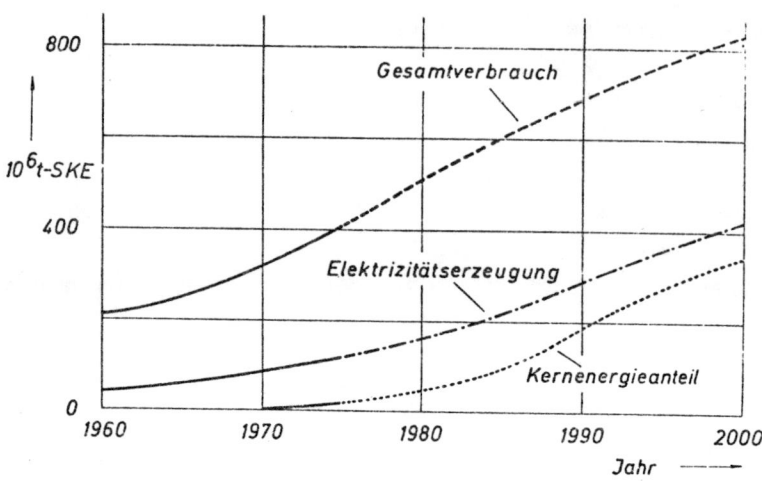

Abb. 1: Primärenergieverbrauch in der Bundesrepublik Deutschland

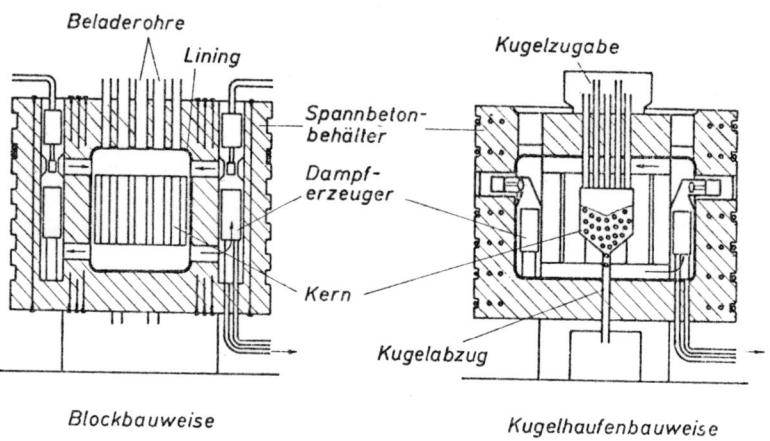

Abb. 2: Prinzip des Helium-gekühlten Hochtemperaturreaktors

	DWR		SWR		HTR		GGR	
	GW_{el}	Anz.	GW_{el}	Anz.	GW_{el}	Anz.	GW_{el}	Anz.
in Betrieb	24,137	46	18,498	38	0,385	3	8,373	21
im Bau	72,202	86	39,147	45	0,3	1	-	-
bestellt	115,803	58	49,060	27	7,72	4	-	-

	AGR		D_2O		Andere		Schnelle Na-R.	
	GW_{el}	Anz.	GW_{el}	Anz.	GW_{el}	Anz.	GW_{el}	Anz.
in Betrieb	0,03	1	2,867	10	2,452	12	0,175	3
im Bau	6,2	5	4,137	9	7,236	12	1,38	4
bestellt	-	-	3,0	4	-	-	0,36	1

Abb. 3: Kernkraftwerke der Welt, Stand Mitte 1974

DWR   Druckwasserreaktor-Kraftwerke
SWR   Siedewasserreaktor-Kraftwerke
HTR   Hochtemperaturreaktor-Kraftwerke
GGR   Gas-gekühlte Graphitreaktor-Kraftwerke
AGR   Advanced-Gascooled Reactor-Kraftwerke
D_2O Schwerwasserreaktor-Kraftwerke

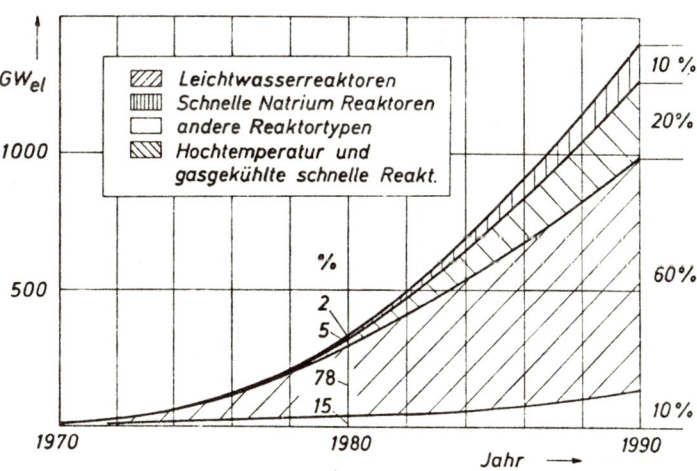

Abb. 4: Möglicher Anteil verschiedener Reaktortypen an der global installierten Leistung von Kernkraftwerken

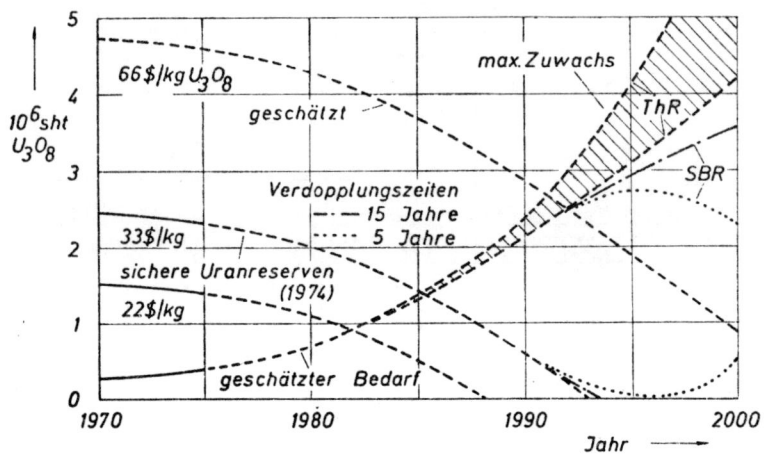

Abb. 5: Uranbedarf und -reserven der westlichen Welt (kumulativ) bei Einsatz von
thermischen Reaktoren (ThR) und schnellen Brutreaktoren (SBR)

NEUZEITLICHER AUSBAU VON WASSERKRAFTANLAGEN

Univ.-Prof. Dipl.-Ing. Dr. Othmar Rescher

Vorstand des Institutes für Wasserkraftanlagen und Verkehrswasserbau
an der TU Wien

1 Einleitung

In unserer schnellebigen Welt haben sich in Wissenschaft und Technik in der letzten
Zeit tiefgreifende Veränderungen vollzogen. Ihr Einfluß auf die Ingenieurwissenschaften war vielfältig und führte dazu, daß immer bedeutendere Ingenieurbauten
entstanden, deren Verwirklichung wir noch vor zwei Jahrzehnten nicht gewagt hätten.
Wesentlich dabei scheint mir jedoch die zusätzliche Aufgabe des Ingenieurs zu
sein, sich bei der Verwirklichung seiner Projekte vielleicht bewußter als bisher
mit Fragen der Ökologie, des Landschafts- und Naturschutzes zu befassen und auf
diesen umfassenden Fachbereichen seinen Beitrag zu leisten. Diese Notwendigkeit er-
gab sich, da alle technischen Großbauten zwangsweise in unseren Lebensraum eingrei-
fen und daher deren Auswirkungen einer sorgfältigen und überlegten Prüfung zu un-
terziehen sind.

Die Verwirklichung von technischen Großbauten verlangt somit eine interdiszipli-
näre Zusammenarbeit, die Mobilisierung des zur Verfügung stehenden Wissens- und
Forschungspotentials sowie die Erstellung eines fundierten Konzeptes, welches sämtliche Bereiche unserer Umwelt erfaßt.

In diesem Sinne ergeben sich, weltweit gesehen, auf dem Gebiet der Elektrizitäts-
wirtschaft neue, zum Teil sehr unterschiedliche Aspekte, die von der wirtschaftlichen und sozialen Struktur eines Landes wesentlich beeinflußt sind.

Die Rolle der Wasserkraft in der gegenwärtigen und zukünftigen Energieversorgung
eines Landes hängt entscheidend vom vorhandenen wirtschaftlich ausbauwürdigen Was-
serkraftpotential und dem bereits genutzten Anteil von diesem ab. Generell können
wir (nach R. Partl) unterscheiden:
- Länder mit vorwiegender Wasserkraftversorgung
- Länder mit gemischtem Versorgungssystem Wasserkraft und Wärmekraft
- Länder mit überwiegend Wärmekraft (dies sind Länder, in denen die natürlichen
  Voraussetzungen für die Wasserkraftnutzung fehlen).

Der gegenständliche Beitrag beschränkt sich im weiteren auf die österreichischen
Verhältnisse. In Österreich spielt die Wasserkraft eine große Rolle, da die Voraussetzungen von Natur aus günstig sind. Der steigende Energiebedarf zwingt Österreich, wie alle Industrienationen der Welt, neue Kraftwerke zu errichten. Die gegenwärtige Zuwachsrate an Energie führt etwa alle zehn Jahre zu einer Verdopplung
der installierten Kraftwerksleistung, wie dies aus der Beobachtungsperiode der ver-

gangenen drei Dekaden zu erkennen ist. Auch wenn man dies, aus welchen Motiven immer, als unbehaglich ansehen mag, wird sich unser Land aus mancherlei Gründen dieser Entwicklung nicht entziehen können. Die expandierende Wirtschaft, die neben der steigenden Lebensqualität auch die Konkurrenzfähigkeit unseres Landes in der Weltwirtschaft gewährleistet, das Bestreben der Aufrechterhaltung der Vollbeschäftigung, die bei fortschreitender Rationalisierung auch nur die expandierende Wirtschaft sicherzustellen hat, und schließlich, nicht zuletzt, Anforderungen des Umweltschutzes erfordern einen weiteren Energiezuwachs.

Auch bei optimistischer Beurteilung der Zukunftshoffnungen betreffend die Entdeckung neuer Lagerstätten von Energieträgern und der Berücksichtigung des Einflusses der künftig zur Verfügung stehenden Kernenergie, wird der Anteil der Wasserkraft in absehbarer Zukunft nach wie vor besonders für Österreich bedeutend bleiben.

2 Laufkraftwerke

Der Anteil der Laufkraftwerke beträgt derzeit etwa die Hälfte der gesamten Elektrizitätserzeugung. Das Anbot der Laufenergie ist jedoch unregelmäßig. Laufkraftwerke sind meist in eine Kraftwerkskette, in ein Kraftwerkssystem eingegliedert und scheinen in unserer Zeit nur so sinnvoll.

Durch die Errichtung von Laufkraftwerken an Flüssen und Strömen erfährt das natürliche Flußregime gewisse Veränderungen, die sichtbarste und wesentlichste ist die durch den Aufstau im Rückstauraum eintretende Verlangsamung der Fließgeschwindigkeit, namentlich im unteren Bereich einer Stauhaltung. Daneben gibt es noch eine Reihe weiterer, zum Teil gewünschter, zum Teil nicht gewünschter Auswirkungen auf physikalische, biologische und humane Systeme. Aus dem physikalischen Bereich seien Fragen im Zusammenhang mit der Wasserquantität und Wasserqualität hervorgehoben.

2.1 Laufkraftwerke mit vorwiegendem Zweck der Energienutzung (Einzweckanlagen)

Anlagen dieser Art, die im wesentlichen nur eine Funktion zu erfüllen haben, nämlich die der Energienutzung, werden in Zukunft vermutlich an Bedeutung verlieren, da in der Bewertung dieser Anlagen aus der Sicht eines großräumigen Umwelt- und Naturschutzes, in den auch die Energiewirtschaft einzugliedern ist, die unerwünschten Auswirkungen gegenüber den erwünschten überwiegen könnten. Im Rahmen der Energiewirtschaft wird daher bei der Planung socher Anlagen in Gegenwart und Zukunft zu klären sein, ob ihre Aufgabe nicht besser von anderen bekannten Energielieferanten wie Braunkohle, Erdöl, Erdgas und Atom übernommen werden kann.

2.2 Laufkraftwerke mit mehreren Hauptzwecken (Mehrzweckanlagen)

Gänzlich anders sind Laufkraftwerke zu beurteilen, für deren Errichtung eine grö-

- 21 -

ßere Zahl von wesentlichen Funktionen maßgebend ist, wie z. B. Schiffsverkehr, Energienutzung, Hochwasserschutz, Flußbau mit Regulierung, Trinkwasserversorgung, Bewässerung u. ä. Ihr Konzept ist weit umfangreicher, vielfältiger und geht weit über den Rahmen einer rein energiewirtschaftlichen Planung hinaus.

Die Ausstrahlung solcher Großanlagen auf die verschiedensten Lebensbereiche unserer Umwelt sind dementsprechend bedeutend. Erwähnt sei die Frage der Raumordnung, des Städtebaus und des Siedlungswesens, der Siedlungswasserwirtschaft, der Land- und Forstwirtschaft, des Natur- und Landschaftsschutzes und weitere.

Aus dieser Blickrichtung ist die Verwirklichung der im Rahmenplan der Donau vorgesehenen Kraftwerkskette zu sehen. Der Ausbau der Donau als Kraftwerksstraße spielt eine wesentliche Rolle in der wirtschaftlichen Entwicklung unseres Landes, der wir uns nicht entziehen können, da multinationale Interessen betroffen werden, die durch Verträge geregelt sind. Einen solchen Vertrag stellt auch die Donaukonvention dar. Während in unserem Lande der wesentliche Anlaß des Ausbaus der Donau die Ermöglichung einer modernen Schiffahrt und die Energienutzung ist, haben im unteren Abschnitt der Donau ähnliche Anlagen noch viele, ebenfalls bedeutende Funktionen zu erfüllen, wie die Bewässerung, die Trinkwasserversorgung u. ä. (Rumänien, Bulgarien).

2.3 Speicherkraftwerke

Die Ausbauformen der letzten Jahre haben gezeigt, daß auch hier die Zusammenfassung von Kraftwerksgruppen, mit Konzentration des Speichervolumens in einem günstigen Hochtal, die vorteilhafteste Ausbauform nach technisch-wirtschaftlichen Gesichtspunkten ist. Zur Füllung des Speicherbeckens werden daher auch andere Einzugsgebiete durch Überleitungen herangezogen, wobei die Abarbeitung des zur Verfügung stehenden Speicherwassers in zwei oder drei Stufen bis zu dem dicht besiedelten Flußtal erfolgt. Die Überleitungen liegen auf Höhe des Großspeichers oder auf tieferliegenden Zwischenspeichern. Im letzteren Fall ist ein Pumpbetrieb zu dem Großspeicher erforderlich.

Das wesentlichste und markanteste Bauwerk einer Großspeicheranlage bildet ohne Zweifel die Talsperre des Speicherbeckens. In den letzten drei Dezennien hat sich im Talsperrenbau vieles getan. Nach außen tritt die Tatsache hervor, daß die Anzahl der Talsperren gewaltig angestiegen ist und ferner, daß die Talsperren immer beachtlichere Höhen erreichen. Dieser Höhenentwicklung ist jedoch eine natürliche Grenze durch den Baustoff Fels gesetzt, den wir im Hinblick auf die Gründung einer Talsperre so hinnehmen müssen, wie die Natur ihn uns bietet. Damit werden die höchsten Talsperren der Welt auch in absehbarer Zukunft kaum über die 300-m-Grenze hinausgehen können.

Wesentlich zur Entwicklung des Talsperrenbaus trugen neue Erkenntnisse auf dem Gebiete der Felsmechanik, Entwicklungen auf dem Gebiete der Betontechnologie, Fort-schritte in der Bauausführung, insbesondere auf dem Gebiete der Schalungstechnik, bei - die es dem Talsperrenkonstrukteur heute erlauben, alle nur denkbar gewünsch-ten Formen zu verwirklichen -, ferner die Anwendung neuer und genauerer Rechenme-thoden, die durch den Einsatz von Computern ermöglicht wurden. Ähnliche Fortschrit-te wurden im Dammbau, namentlich für Steindämme, erzielt.

In unserem Lande sind bedeutende Sperrenwerke entstanden, die ihre Beachtung auch im Ausland fanden. Wir zählen in Österreich insgesamt 55 Talsperren in Betrieb, ei-ne im Bau und drei weitere im fortgeschrittenen Projektstadium. Von den erstgenann-ten sind 22 Gewichtssperren, 17 Gewölbesperren und 16 Dämme. Derzeit im Bau ist die höchste Talsperre unseres Landes, die Sperre Kölnbrein (H $\doteq$ 200 m, V $\doteq$ 200 Mio m^3) der Kraftwerksgruppe Malta; in Bälde sollen die Dammbauten der Kraftwerksgruppe Sellrain-Silz, Staudamm Finstertal, (H $\doteq$ 150 m, V $\doteq$ 60 Mio m^3) und des Kraftwerks Langenegg, Staudamm Bolgenach, (H $\doteq$ 80 m, V $\doteq$ 8,4 Mio m^3) in Angriff genommen werden.

Viel Beachtung fand bei der Errichtung bedeutender Sperrenwerke in der letzten Zeit die Frage der Sicherheit der Großspeicher. Geht man von der Tatsache aus, daß in der Welt etwa 250 000 Talsperren bestehen dürften, die im Falle eines Versagens be-achtliche Schäden anrichten könnten, so ist die Anzahl der bisher aufgetretenen Ka-tastrophen als sehr gering zu betrachten. Trotzdem haben die beiden im Nahbereich unseres Landes stattgefundenen Katastrophen Malpasset in Frankreich im Dezember 1959 und die von Vajont in Italien im Oktober 1963, Anlaß für eingehende Überprüfungen der Sicherheit bereits bestehender Anlagen und der erforderlichen Maßnahmen bei neu zu errichtenden Anlagen in allen Industrienationen gegeben. In unserem Land ist man anerkanntermaßen in dieser Richtung in vorbildlicher Weise vorgegangen.

Weitere wesentliche Bauteile eines Speicherwerks sind die Wasserfassungen, Druck-stollen und Wasserschlösser (Schwallräume im Berginneren, die nach außen hin kaum in Erscheinung treten). Auch hier sind neue Entwicklungen festzustellen, namentlich im Stollenbau durch Anwendung der sogenannten österreichischen Tunnelbaumethode (Felsankerung mit Spritzbeton), die im Zusammenhang mit Tunnelfräsmaschinen beson-dere Vorteile für Vortrieb und Ausbau bietet. Bis vor kurzem wurde der Tunnelbau noch als reine Erfahrungswissenschaft angesehen. Dies hat sich in letzter Zeit durch die Erkenntnisse auf dem Gebiet der Felsmechanik wesentlich geändert, was besonders dann zum Tragen kommt, wenn sehr schwierige Gebirgsstrecken zu durchfahren sind und die Auskleidung eines Hohlraumes vorübergehend oder dauernd eine echte statische Aufgabe zu übernehmen hat.

Was die Falleitungen mit der Kraftwerkszentrale betrifft, wurden auch im Schachtbau neue Erkenntnisse des Verhaltens des Felskörpers gefunden. Wenn nicht außergewöhn-liche Verhältnisse vorhanden sind, sollten freie Leitungen, welche die Hangland-

schaft stören oder zerschneiden, heute im Hinblick auf den Natur- und Landschaftsschutz vermieden werden. Die Kraftzentrale wird je nach den örtlichen Verhältnissen
im Freien oder als Untertagebau ausgeführt. Durch die Ankerbauweise konnten in den
letzten Jahren große Kraftwerkskavernen in wirtschaftlicher Weise hergestellt werden. Die Lösung, Kraftwerkszentralen als Untertagebauwerke herzustellen, bietet
nicht nur Vorteile im Hinblick auf den Landschaftsschutz, sondern kann auch aus
technischen Gründen und solchen der Landesverteidigung vorteilhaft sein.

Zusammenfassend kann gesagt werden, daß Speicherwerke somit im wesentlichen nur
durch die in meist hochgelegenen Alpentälern liegenden Speicherseen mit ihrem
künstlichen Absperrbauwerk hervortreten. Erwiesen ist, daß Talsperren häufig ein
Anziehungspunkt für den Fremdenverkehr sind, z. B. Kaprun u. a. Trotzdem werden aus
den verschiedensten Gründen heute Einwände gegen die Errichtung solcher Anlagen er-
hoben.

Eine der wesentlichsten Auswirkungen von Langzeitspeicherwerken ist eine Umlagerung
des natürlichen Abflußregimes, gekennzeichnet durch die Verlagerung beträchtlicher
Wassermassen von der Sommer- auf die Winterperiode. Im allgemeinen kann gesagt werden, daß der Einfluß des Betriebes von Langzeit-Alpenspeichern auf die Wasserführung
der talseitigen Gewässer bei jenen ausgeprägter ist, bei welchen die Zunahme der
Winterwasserführung von derselben Größenordnung ist wie die der natürlichen Wasserführung des entsprechenden Gewässers. Bei den Flachlandflüssen ist ein solcher Einfluß weniger ausgeprägt, aber noch merkbar, besonders in den Niederwasserperioden.

Hinsichtlich der Verminderung der Hochwasserführung sind die Auswirkungen der Speicherung auf Alpenbäche und Flachlandflüsse in der Frühjahrs- und Herbstperiode
verschieden. Anläßlich der Frühjahrshochwässer können merkbare Auswirkungen auf die
Wasserführung bei Alpenwasserläufen auftreten, hingegen werden sie bei bedeutenden
Flachlandflüssen mit starker Wasserführung vernachlässigbar sein. Bei normalem Spei-
cherbetrieb dürfte jedoch in den meisten Fällen, sowohl bei Alpenbächen als auch bei
Flachlandflüssen, die Auswirkung auf die Hochwässer im Spätherbst vernachlässigbar
sein. Im gesamten gesehen ist somit der Einfluß der Speicher auf die Vorfluter günstig zu beurteilen.

2.4. Pumpspeicherwerke

Die Pumpspeicherung kann sowohl für den Betrieb von Langzeit- als auch Kurzzeit-
speichern wirtschaftlich interessant sein. Pumpspeicherwerke bilden eine wichtige
Ergänzung zu Primärspeicherwerken und haben unstreitige Vorteile gegenüber einer
kalorischen Deckung der Bedarfsspitzen. Dies will nicht heißen, daß Wasser- und
Wärmekraft in Konkurrenz stehen, sondern daß unter optimalen Bedingungen in der
Stromversorgung eine gegenseitige sinnvolle Ergänzung gesucht werden muß.

In Österreich beträgt derzeit das Verhältnis der Pumpleistung zu Jahreshöchstlast
rund 20 %.

3 Bewertung von Wasserkraftanlagen

Da eine Wasserkraftanlage (Kraftwerksgruppe) nicht isoliert im Raume steht, ergeben
sich zwangsweise Eingriffe in die Natur bzw. in den Lebensraum des Menschen. Wir ak-
zeptieren jedoch auch viele andere Eingriffe in unseren Lebensraum, beipielsweise
die Schaffung von Schizentren und Eingriffe ähnlicher Art, die unsere Umwelt, im
speziellen die Alpenlandschaft, nicht unerheblich stören. Wir wissen aber auch, daß
wir uns aus den eingangs erwähnten Gründen der Notwendigkeit der Errichtung von Wasserkraftanlagen nicht entziehen können. Es müssen daher für den Entscheidungsprozeß
betreffend den Ausbau vorgesehener Kraftwerksgruppen - und das betrifft nicht nur
die Wasserkraft - fundierte Grundlagen geschaffen werden. Den Rahmen für die Bewertung bildet die Elektrizitätsversorgung des Landes sowie der Schutz unserer Umwelt.
Die Entscheidung über die Nutzung der Wasserkraft kann somit nicht nur nach technisch-wirtschaftlichen Gesichtspunkten erfolgen, sondern muß in den großen Zusammen-
hängen mit dem Schutz und der Erhaltung der Umwelt gesehen werden.

Die technischen und wirtschaftlichen Gesichtspunkte sind das wesentliche Ziel des
Bauherrn bei einem Bauvorhaben. Im Hinblick auf die Bewertung einer Wasserkraftanlage aus der Gesamtsicht der Erhaltung und des Schutzes unserer Umwelt stellt das
technisch-wirtschaftliche Ziel nur ein Teilziel dar, dem je nach Lage große oder
weniger große Bedeutung zukommt. Sehr häufig werden gegen die Errichtung einer Wasserkraftanlage, die geplant ist, die verschiedensten Einwände vorgebracht. Diese
sind des öfteren spekulativer Art; es sind dies beispielsweise Austrocknung und
Verkarstung des ganzen Gebietes, die Störung des Gleichgewichts der Natur, Verstär-
kung der Wildbachtätigkeit und Verwilderung der Talbäche, Vernichtung der letzten
Wasserreseven, Zerstörung der Erholungslandschaft und des Fremdenverkehrs, Störung
der Hochwasserabfuhr und Einwände ähnlicher Art. Es ist die Aufgabe aller Fachleute aus den angesprochenen Bereichen der Ökologie, sich aus spektakulären und emoti-
onellen Einwänden herauszuhalten und gemeinsam zu einer sachlich fundierten Bewertung eines Bauvorhabens zu kommen. Um das zu erreichen, scheint mir folgende Vorgangsweise angebracht: Es sollten bereits in der ersten Phase des Planungsprozesses
einer Wasserkraftanlage und deren Bewertung nach technischen und wirtschaftlichen
Gesichtspunkten Fachleute von Natur- und Landschaftsschutz und Landschaftsgestal-
tung, wenn erforderlich auch aus einigen Fachbereichen der Ökologie herangezogen
werden. In gemeinsamer Arbeit soll damit schon im ersten Stadium der Planung erreicht werden, daß bei der Projektierung die wesentlichen Gesichtspunkte für den
Umweltschutz Berücksichtigung finden.

Ansätze zu einer solchen methodischen Vorgangsweise zeichnen sich bereits ab. So hat beispielsweise die Rhein-Main-Donau AG aus eigener Iniative, als sie mit der Planung des Schiffahrtskanals durch das landschaftlich sehr schöne Altmühltal beschäftigt war, ein Planungsbüro mit einer detaillierten Landschaftsplanung für den gesamten Talbereich beauftragt, damit der neue Wasserlauf und die damit direkt verbundenen, sowie die mittelbar zusammenhängenden Bauwerke in die Umgebung integriert werden können.

Mittel zur Verwirklichung dieser Ziele ist ein Gestaltungsplan, der Festsetzungen über Landschaftspflege und gestalterische Maßnahmen zum Ausgleich der mit dem Vorhaben verbundenen Landschaftsschäden enthält. Diese Vorgangsweise ermöglicht es, einen Zielkonflikt zwischen Wirtschaftswachstum und der Erhaltung einer gesunden lebenswerten Umwelt auszuräumen.

Ein Beispiel zur Illustration als Ausdruck dieser Vorgangsweise ist ein Bestands-Plan und ein geplanter Landschaftsplan des Rhein-Main-Donau-Kanals, in welchem die Vegetation, die Ortsentwicklung, die Bauten im Kanalbereich, die Erholungseinrichtungen und ähnliche Zielvorstellungen bei der Planung angegeben sind.

Zur praktischen Durchführung der entsprechenden Bewertungsverfahren scheint mir eine Vorgangsweise in Anlehnung an die Methoden der Systemanalyse vorteilhaft und zur Erläuterung der Grundzüge dieser Arbeitsweise wird ein Großspeicherwerk herangezogen:
1) Erster Schritt: Festlegung des Systems (Tab. 1)
2) Zweiter Schritt: Festlegung und Wahl der zu berücksichtigenden Einwirkungen auf das System und umgekehrt (Tab. 2. In dieser Zusammenstellung sind einige häufig genannte Einflüsse auf bestehende physikalische, biologische und humane Systeme genannt.)
3) Dritter Schritt: Festlegung und Auswirkungen auf das System (Tab. 3)

Sind diese grundlegenden Überlegungen getroffen, ergibt sich die Notwendigkeit einer Analyse aller dieser Fragen und Zusammenhänge und eine Einteilung der Teilziele nach ihrer Quantifizierbarkeit.

Je nach Bedeutung der Anlage wird es erforderlich sein, mehrere Fachleute zur Beurteilung der einzelnen Teilziele heranzuziehen. Dies setzt ohne Zweifel in allen Fachgebieten der Ökologie ein überdurchschnittliches Wissen der Fachleute voraus, die hinsichtlich ihrer Aussage sogar die Verantwortung zu tragen haben. Geht man so vor, dann verfügt der Gesetzgeber bzw. die Entscheidungsinstanz über eine verläßliche Bewertung eines großen Bauvorhabens, und seine Entscheidung wird dann das Ergebnis von sachlichen Analysen sein und nicht das von spekulativen Vermutungen. Wertvoll scheint mir auch, daß ein solches Vorgehen im Sinne der Erhaltung unseres Lebensraumes alle Forscher, Praktiker und Wissenschafter zu einer einheitlichen Arbeit zusammenführt.

Mancherorts wird man bei einer solchen Vorgangsweise vielleicht fürchten, daß es damit zum Ausbruch einer neuen Krankheit, der Expertitis, zu einer Vielzahl von Expertisen und Gutachten kommen könnte. Diese Gefahr verliert an Bedeutung, wenn die Einführung der Einflüsse in den Bewertungsprozeß rechtzeitig, d. h. bereits im Stadium der Projektierung erfolgt. Es ist jedoch möglich, daß die Erfüllung aller im Zusammenhang mit der Errichtung einer Wasserkraftanlage gewünschten Teilziele über die finanziellen und rechtlichen Möglichkeiten der planenden Gesellschaft hinausgehen und ihr allein nicht zugemutet werden können. Wir sind jedoch sicher in der Lage, künftige Wasserkraftanlagen nicht nur technisch einwandfrei, sondern so zu errichten, daß wir der Nachwelt unsere Umwelt nicht schlechter hinterlassen, als wir sie vorgefunden haben.

S

SUBSYSTEM 1: OBERLEITUNGEN
  Wehranlagen
  Wasserfassungen
  Oberleitungsstollen

SUBSYSTEM 2: SPEICHER
  Talsperre
  Speicherbecken

SUBSYSTEM 3: KRAFTSTUFEN
  Druckleitungen
  Kraftwerkszentralen
  Unterwasserableitungen
  Ausgleichsbecken

Tab. 1: System eines Speicherwerkes

E

Natürlicher Abfluß
Natürliche Geschiebe- und Schwebstofführung
Bergwasserverhältnisse
Grundwasserverhältnisse
Siedlungsgebiete
Verkehrsverhältnisse
Bebenwirkungen

Natur und Landschaft
Kleinklima
Großklima
Limnologische Verhältnisse
Biologische Verhältnisse

Tab. 2: Einwirkungen auf ein Speicherwerk

A

Energienutzung
Verbesserung der Hochwasserverhältnisse
Bewässerung
Trinkwasserversorgung
Kanalisation und Kläranlagen
Brauchwasser für verschiedene Zwecke

Regelung des Wasserdargebotes
Geschiebe- und Schwebstofffracht
Verbesserung der Schiffahrtsverhältnisse
Bergwasserverhältnisse
Grundwasserhaushalt
Landeskulturelle Verhältnisse
Siedlungsgebiete
Verkehrsverhältnisse
Fremdenverkehr

Natur und Landschaft
Kleinklima
Großklima
Limnologische Verhältnisse
Biologische Verhältnisse

Tab. 3: Auswirkungen eines Speicherwerkes

DER GEGENWÄRTIGE STAND DER KOHLEVERGASUNG

Univ.-Prof. Dipl.-Ing. Dr. Albert Hackl

Leiter der Abteilung für Apparate- und Anlagenbau am Institut für
Verfahrenstechnik und Technologie der Brennstoffe an der TU Wien

Nach dem 2. Weltkrieg haben Erdöl und Erdgas weite Gebiete des Kohlemarktes erobert. Die Gründe für diese Verdrängung der Kohle liegen in der bedeutend leichteren Gewinnung von Erdöl und Erdgas, der wesentlich angenehmeren und vorteilhafteren Handhabung und im hohen Heizwert dieser beiden Energieträger. Weiters ist hier die leichte Regelbarkeit der mit diesen Brennstoffen betriebenen Anlagen, sowie die auf Grund der guten Regelbarkeit gegebene Möglichkeit des wirtschaftlichen Transportes in Pipelines auch über große Entfernungen zu nennen. Schließlich ist auch noch der Umstand zu berücksichtigen, daß im Zusammenhang mit Problemen des Umweltschutzes die staub- und schwefelfreien Abgase aus der Verbrennung von Erdgas im letzten Dezennium erhöhte Bedeutung gewonnen haben.

Die Folgen der sogenannten Ölkrise und die Prognosen über die Erschöpfung der gesicherten und wahrscheinlichen Erdgasfelder haben nicht nur zu einer verstärkten Prospektionstätigkeit für Erdöl und Erdgas geführt und die Bedeutung der Kohle neuerdings hervorgehoben, sondern auch den Verfahren der Kohlevergasung erneut große Aufmerksamkeit zuwenden lassen. Diese Hinwendung zur Kohle beruht auf der Tatsache, daß die Kohlevorräte ein Vielfaches der Erdöl- und Erdgasvorräte betragen und außerdem für die Kohle unterschiedlich zu Erdöl und Erdgas eine gute geographische Verteilung der Lagerstätten nachgewiesen ist.

Die Kohlevergasung ist nun jene Verfahrensmöglichkeit, die diese beiden Vorteile der Kohle mit den vorerwähnten Vorteilen, die ein gasförmiger Energieträger bringt, verbindet. Somit kann durch die Kohlevergasung auf relativ lange Zeiten gesehen ein marktgerechtes und qualitativ hochwertiges Produkt dem Energiemarkt zur Verfügung gestellt werden.

1 Kohleveredelung

Zwischen welchen prinzipiellen Möglichkeiten der Kohleveredelung kann gewählt werden, wenn man von der Verstromung absieht? Die drei Prozeßmöglichkeiten der Kohleveredelung sind:

1.) mechanische Kohleveredelung: Aufbereitung, Brikettierung

2.) thermische   " : Entgasung (Verschwelen, Verkoken)

3.) chemische   " : a) Vergasung: partielle Oxidation, Hydrierung

b) Verflüssigung: Kohlenwasserstoff-Gewinnung

Die mechanische Kohleveredelung als einfachste und billigste Variante bringt als Produkt wieder nur einen wenig marktgerechten Feststoff. Auch bei der thermischen Kohleveredelung verbleiben nach Abzug der Entgasungsprodukte noch immer rund 70 % des Einsatzes als Feststoff. Bei der chemischen Kohleveredelung können wir zwischen Verflüssigung und Vergasung wählen. Bei der Kohleverflüssigung werden mit Hilfe einer relativ aufwendigen Technologie mineralölähnliche Produkte (Kohleöl, Kohlenwasserstoff) gewonnen, wobei die Herstellung von schwerem Heizöl aus Kohle als umweltfreundlicher, schwefelarmer Brennstoff von besonderem Interesse ist. Demgegenüber ist die Vergasung jedoch mit einer vergleichsweise einfacheren Technologie durchzuführen und außerdem die Annahme berechtigt, daß ein aus der Vergasung gewonnenes synthetisches Erdgas (SNG) hinsichtlich seiner Gestehungskosten zu einem früheren Zeitpunkt mit dem natürlichen Erdgas konkurrieren können wird, als Produkte der Kohleverflüssigung mit vergleichbaren Produkten des Erdöls.

Die verschiedenen Möglichkeiten der Kohlevergasung sind in der Abbildung 1 zusammengefaßt. Je nach Wahl des bzw. der Vergasungsmittel (Luft, Dampf, Sauerstoff, Wasserstoff) können Schwachgas, Synthesegas, Starkgas oder synthetisches Erdgas, kurz SNG (abgeleitet vom anglo-amerikanischen "synthetic natural gas") erzeugt werden; letzteres ist in seinem Heizwert und seinen Brenneigenschaften dem Erdgas gleichzusetzen, da es wie dieses so gut wie ausschließlich aus Methan besteht.

2 Verfahrensmöglichkeiten der Kohlevergasung

In den letzten 30 Jahren waren vor allem drei kommerzielle Verfahren im großtechnischen Einsatz, und zwar das Winkler-Wirbelschichtverfahren, das Lurgi-Druckgasverfahren und das Koppers-Totzek-Verfahren. Diese drei Verfahren, von denen besonders die beiden letztgenannten eine gute Möglichkeit bieten, SNG zu erzeugen, haben bis heute eine differenzierte Entwicklung genommen.

2.1 Winkler-Wirbelschichtverfahren

Die BASF, die dieses Verfahren entwickelt hat, nahm den ersten großtechnischen Winkler-Generator 1926 im Werk Leuna in Betrieb. Als Vergasungsmittel diente zunächst Luft, später Sauerstoff und Wasserdampf. Das Verfahren erwies sich als gut geeignet für Braunkohle und lignitische Steinkohlen, deren Ascheschmelzpunkt nicht zu niedrig liegen darf. Bei Flammkohlen lag der Kohlenstoffvergasungsgrad niedriger und es traten höhere Kohlenstoffverluste im Flugstaub auf. Dieses Verfahren vergast die eingesetzte Kohle bei Normaldruck in einer Wirbelschicht mit mittleren Temperaturen von 800 bis 1000 $^{\circ}$C. Die Wirbelbetthöhe liegt zwischen 1 und 2 m bei mehr als 10 m Generatorhöhe. Ein über dem Wirbelbett liegender Leerraum dient für die restliche Umsetzung, Teercracken und Methanspaltung. Der Generator kann mit variabler Belastung gefahren werden, wobei die Betriebsgrenzen durch das Aufrechterhalten des Wirbelbettes gegeben sind.

Zu den Vorteilen des Winkler-Verfahrens zählt, daß auch Feinkorn eingespeist werden kann, so daß de facto Körnungen von 0 bis 8 mm vergast werden können. Der Nachteil ist vor allem in den großen Flugstaubmengen sowie dem darin enthaltenen hohen Kohlenstoffanteil, der bis zu 50 % unverbranntem Kohlenstoff gehen kann, zu suchen. Das Verfahren, das in seinem Sauerstoffverbrauch zwischen dem Lurgi- und dem Koppers-Totzek-Verfahren liegt, wurde in 16 Anlagen mit insgesamt mehr als 40 Generatoren angewandt.

2.2 Lurgi-Druckgasverfahren

Die Entwicklung dieses ursprünglich nur für den Einsatz von Braunkohle geeigneten Verfahrens hat 1930 begonnen. Im Gegensatz zum Winkler-Verfahren, das mit Wirbelschicht arbeitet, ist das Lurgi-Druckgasverfahren ein Festbettverfahren, das mit einem Druck von etwa 30 bar arbeitet. Die zentrale Einrichtung ist der Druckgenerator, dessen wesentlichste Teile die Kohlenschleuse, der Kohlenverteiler, Drehrost und Vergasungsmitteleintritt, Aschenschleuse und der Wassermantel sind. Als Vergasungsmittel werden Sauerstoff und Dampf und zwar im Gegenstrom zu der zu vergasenden Kohle durch den Reaktor geführt. Die mittlere Arbeitstemperatur liegt zwischen 400 und 500 $^{\circ}$C, wobei in Rostnähe bis zu 1000 $^{\circ}$C erreicht werden.

Die Vorteile dieses Verfahrens liegen in der wärmeökonomischen positiven Gegenstromführung, was sich auch in einem niedrigeren spezifischen Sauerstoffverbrauch auswirkt, sowie einem auf Grund der im Gas erhalten gebliebenen Destillationsprodukte höheren Heizwert. Bei der Druckvergasung enthält das Gas auch erhebliche Anteile Methan (10 % und mehr), was ebenfalls dem Heizwert zugute kommt. Ein weiterer Vorteil der Druckvergasung liegt in der erhöhten Reaktionsgeschwindigkeit und damit im kleineren Raumbedarf. Allerdings begünstigt der erhöhte Druck die Neigung zu Backen, weshalb nur nicht-, oder schwach-backende Kohlen für dieses Verfahren geeignet sind. Ein weiterer Nachteil des Lurgi-Verfahrens liegt darin, daß nur Körnungen im Bereich von 2 bis 30 mm unter Ausschluß von Feinanteilen unter 2 mm eingesetzt werden können und die bis etwa 1970 installierten Generatoren der ersten und zweiten Generation nur mit relativ kleinen Durchsätzen arbeiten. Es soll nicht unerwähnt bleiben, daß bereits vor dem 2. Weltkrieg Generatoren dieses Typs für die Gasversorgung in Prag und Dresden eingesetzt worden waren. Die Generatoren der zweiten Generation hatten bereits eine höhere Kapazität und waren auch für Steinkohle, die auch schwach backende Eigenschaften aufweisen konnte, geeignet.

Für Großanlagen in den USA wurde Ende der 60er Jahre eine dritte Generation von Druckgeneratoren entwickelt, die mit einem Durchmesser von 4 m einerseits eine weitere Kapazitätssteigerung bis auf 50 000 Nm^3 pro Stunde, andererseits hinsichtlich des Einsatzproduktes eine Erweiterung auf praktisch alle Kohlesorten, also auch bakkende und blähende Steinkohle, brachte. Diese Entwicklung war notwendig geworden, um auch solche Kohlen, von denen im Osten der USA große Lagerstätten vorhanden sind, vergasen zu können. Zur Vergasung dieser Kohlen ist der Druckgenerator mit einem rotierenden Rührarm ausgestattet, der die Kohle nicht nur gleichmäßig verteilt, sondern auch das Kohlebett in der Verkokungszone für das aufsteigende Gas durchlässig erhalten soll.

Versuche, die die American Gas Association gemeinsam mit der British Gas und der Lurgi an einem so ausgestatteten Generator in Schottland durchgeführt haben, zeigten, daß Kohlen mit höherer Backzahl und hoher Blähzahl gut verarbeitet werden können und sogar ein Feinanteil bis zu etwa 10 % in der Einsatzkohle enthalten sein kann.

2.3 Koppers-Totzek-Verfahren

Obwohl bereits 1938 erste Versuche für dieses Verfahren durchgeführt worden waren, kam es nach einer kriegsbedingten Unterbrechung erst 1948 zur Errichtung einer Versuchsanlage durch das amerikanische Bureau of Mines in Louisiana. Das Verfahren arbeitet drucklos und ist ein Staubvergasungsverfahren, das im Einsatz eine Körnung bis zu 90 % < 0,1 mm, 10 % > 0,1 mm verarbeiten kann. Als Vergasungsmittel werden Sauerstoff und Dampf eingesetzt. Der Generator besteht aus einer runden, flachen Vergasungskammer, die mit einem Kühlmantel ausgestattet ist. Über den Umfang sind je nach Größe 2 bis 6 Düsenringe eingebaut, die die Kohle und das Vergasungsmittel in den Vergasungsraum einblasen, wobei bei Temperaturen von 1500 bis 1600 °C die Vergasung stattfindet.

Der spezifische Sauerstoffverbrauch des Koppers-Totzek-Verfahrens liegt höher als bei den beiden vorgenannten. Auch ist die Leistung pro Anlageneinheit relativ klein. Hinzu kommt der für die Mühlen notwendige Energieaufwand.

Die Vorteile dieses Verfahrens liegen darin, daß alle Kohlearten, auch solche mit hohem Aschegehalt und ungünstigem Ascheschmelzverhalten ohne weiteres vergast werden können, ferner, daß der hohen Temperaturen wegen im Rohgas keine Anteile von Teer, Leichtöl oder Phenol enthalten sind und daher auch keine separate Abscheidung dieser Komponenten notwendig ist.

3 Untertagevergasung

"Der Tag wird kommen, wenn man Brennstoffe nicht mehr aus der Erde hervorholen wird, sondern sie im Erdboden selbst in brennbare Gase verwandeln wird, die man durch Rohrleitungen auf große Entfernung fortleiten wird." Dieser Satz ist nicht etwa eine Prognose aus den vergangenen 10 Jahren. Er stammt aus dem Jahre 1888 von dem bekannten Forscher Mendelejeff. Entgegen vieler anderer Zukunftsvisionen hat sich diese Möglichkeit jedoch noch nicht durchsetzen können. Beginnend in der UdSSR in den frühen 30er Jahren wurden nach dem Ende des 2. Weltkrieges in mehreren europäischen Staaten, so etwa in Italien, Belgien, Frankreich, der ČSSR und Großbritannien, aber auch in Marokko und vor allem in den USA Versuche zur Flözvergasung durchgeführt. Das Verfahrensprinzip ist einfach: In einem Kohlenflöz wird Luft eingeführt, eine Feuerzone gezündet und das entstehende Rohgas wieder übertage geleitet, wo es möglichst noch unter Ausnutzung der fühlbaren Wärme verbrannt wird. In Abb. 2 ist eine Verfahrensvariante für die Untertagevergasung, das sogenannte Filterverfahren, schematisch dargestellt.

Die größten Schwierigkeiten, die sich einer erfolgreichen Untertagevergasung bisher entgegenstellen, bestehen
a) im Erreichen eines halbwegs gleichmäßigen Abbrandes über die ganze Länge der Feuerzone,
b) in der Lenkung bzw. dem Fortschreiten des Abbrandes in der gewünschten Richtung,
c) in dem Verbruch durch nachstürzendes hängendes Gestein, vor allem in dichter besiedelten sowie land- und forstwirtschaftlich genutzten Gebieten.

Diese Probleme scheinen bisher nur in der UdSSR einer zufriedenstellenden Lösung zugeführt worden zu sein. So arbeiten dort einige Werke etwa in Westsibirien und im Donez-Becken mit Ausbeuten von 30 000 bis 50 000 Nm^3/Stunde und einem Heizwert von rund 1 000 kcal/m^3. Nach den wenigen vorliegenden Angaben soll die Wirtschaftlichkeit dieser Werke zufriedenstellend sein. Die Jahresproduktion der in der UdSSR erzeugten Gasmengen aus untertage vergasten Flözen soll bei etwa 20 Mill Nm^3 liegen.

In den USA läuft in Wyoming ein einjähriger, nicht unterbrochener Vergasungsbetrieb mit einem Kohleabbrand von 15 t pro Tag bei einem mittleren Heizwert des erzeugten Gases von 1 500 kcal/Nm^3.

In Europa wurden alle Versuche eingestellt, nicht zuletzt auch deshalb, weil in Kulturlandschaften der Betrieb solcher Vergasungsverfahren gerade auch aus dem unter Punkt c) genannten Grund mit großen Problemen belastet ist.

4 Neuere amerikanische Entwicklungen

In den USA hat man in den letzten Jahren verstärkte Versuche zur Entwicklung eigener Vergasungsverfahren unternommen. Wie bei allen in Entwicklung stehenden Verfahren sind auch hier die zur Verfügung stehenden Angaben spärlich und je nach dem Entwicklungsstand unterschiedlich. Die Verfahren, von denen die am wichtigsten scheinenden im folgenden kurz vorgestellt werden sollen, sind zur Zeit noch im Stadium von klein- bis halbtechnischen Versuchsanlagen, so daß mit dem Betrieb von großtechnischen Prototypanlagen erst etwa für die Zeit um 1980 zu rechnen ist.

Name des Verfahrens	Träger des Verfahrens
Hygas	Institute of Gas Technology
Bigas	Bituminous Coal Research Inc.
Synthan	American Bureau of Mines
CO_2-Acceptor	Consolidated Coal Corporation
Molten-Salt	Kellogg Corporation
Hochtemperatur-Pyrolyse	Garrett R & D Inc.

Die obenstehenden Verfahren lassen sich in zwei Verfahrensgruppen einteilen. Die ersten·drei Verfahren, die sich auch für backende Kohle eignen sollen, bilden eine Verfahrensgruppe, die auf einem zweistufigen Verfahrensprinzip mit einer der Vergasungsstufe vorgeschalteten Entgasungsstufe beruht. Die Vergasungsstufe ist als Wirbelbett ausgebildet. Der Arbeitsdruck liegt im Bereich zwischen 50 und 100 bar. Die Kapazitäten der Pilot-Anlagen liegen bei 70 bis 120 Tonnen pro Tag.

Die drei letztgenannten Verfahren weisen vom Verfahrensprinzip der ersten drei Verfahren abweichende Technologien auf. Das CO_2-Acceptor-Verfahren ist ebenso wie das Molten-Salt-Verfahren ein Wärmeträgerverfahren, wobei das CO_2-Acceptor-Verfahren mit kalziniertem Dolomit als Wärmeträger arbeitet. Das Molten-Salt-Verfahren, das jedoch noch im Laboratoriumsmaßstab zu stecken scheint, arbeitet mit einer Schmelze von Natriumkarbonat als Wärmeträger mit gleichzeitiger katalytischer Wirkung. Der Möglichkeit, mit einem solchen Verfahren - die Betriebsbedingungen liegen bei etwa 1000 $^{\circ}$C und 85 bar - einen sehr hohen Vergasungsgrad erreichen zu können, stehen als Nachteil vor allem die mit dem Einsatz der Schmelze verbundenen Korrosionsprobleme gegenüber.

Beim Hochtemperatur-Pyrolyse-Verfahren, das mit 800 bis 900 $^{\circ}$C bei etwa 3 1/2 bar arbeitet, wird Pulverkohle mit heißem Koks in Kontakt gebracht, wobei zunächst ein Pyrolysegas freigesetzt wird. Der entstehende Pyrolysekoks liefert dann durch Teilverbrennung mit Luft die für das Verfahren notwendige Vergasungswärme. Zu den Vorteilen dieses Verfahrens zählen die Vermeidung von Sauerstoff als Vergasungsmittel sowie ein hoher Anteil an Kohlenwasserstoffen im Rohgas und ein damit verbundener hoher Heizwert von etwa 6000 kcal/m^3. Als größte Nachteile dieses bisher nur im Laboratoriumsmaßstab untersuchten Verfahrens sind die niedrige Gasausbeute (bis etwa 30 Gew. %) sowie der relativ hohe Koksanfall zu nennen.

In der nachfolgenden Tabelle wurde ein Kostenvergleich auf Basis einer großtechnischen Anlage der angestrebten Einheitsleistung von 250 . 10^9 BTU pro Tag zusammengestellt, wobei neben den relativ verläßlichen Zahlen für das technisch erprobte Lurgi-Verfahren auch Angaben aus Hochrechnungen für einige der oben erwähnten amerikanischen Verfahren aufgenommen wurden.

Verfahren	Anlagekosten Mio $	Produktionskosten/1 Mio kcal	
		US cents	ö. S.
Hygas	...	...	...
Acceptor (1970)	-	120 - 180	30
Bigas	...	...	...
Synthan	...	...	...
Kellogg (1972)	200	250	50
Gr & D (1972)	310	400	80
Lurgi (1973): Bitum. Kohle	335 - 390	540 - 600	114
- " - :	290 - 390	400 - 510	91
Lurgi (1974)	450	740	148

Kostenvergleich auf Basis einer Anlage für 250 . 10^9 BTU/Tag in USA

5 Vergasung unter Ausnützung von HTR-Prozeßwärme

Bei den konventionellen Vergasungsverfahren wird ein Teil der Einsatzkohle für die
Erzeugung der benötigten Vergasungswärme herangezogen. Man ist daher bestrebt, Verfahren zu entwickeln, bei welchen die Vergasungswärme aus anderen Energiequellen gedeckt wird, wobei im Sinne der Gesamtwirtschaftlichkeit eines solchen Verfahrens diese Wärme möglichst billig bereitgestellt werden sollte. Eine Lösung dieser Aufgabe
zeichnet sich in der Möglichkeit ab, Prozeßwärme aus gasgekühlten Hochtemperatur-
Kernreaktoren für diese Aufgabe einzusetzen, wobei die anfallende Prozeßwärme auf
dem für die Vergasung erforderlichen hohen Temperaturniveau liegt. Mit dem Einbe-
ziehen einer solchen Energiequelle würde der gesamte Kohleeinsatz für die Umwandlung
in Gas zur Verfügung stehen. Neben der dadurch erreichbaren Streckung der Kohlenvor-
räte ist als wirtschaftlicher Effekt auch die Aussicht verbunden, daß bei hohen Kohle-
kosten der Wärmepreis der Prozeßwärme aller Voraussicht nach niedriger liegen wird.
Da außerdem eine separate Sauerstoffherstellung entfallen könnte, würden sich für
die Herstellung von SNG günstige wirtschaftliche Voraussetzungen ergeben. In der
Abbildung 3 ist die schematische Darstellung der Erzeugung von Stadtgas durch Wasserdampfvergasung unter Verwendung von HTR-Wärme gezeigt.

Daneben werden auch Untersuchungen über die Anwendung der Prozeßwärme für die hy-
drierende Vergasung von Braun- und Steinkohle durchgeführt. Eine halbtechnische Versuchsanlage wird in Wesseling bei Köln im Sommer des Jahres 1975 ihren Betrieb auf-
nehmen.

6 Entwicklungstrend im kommenden Dezennium

Der Bedarf an Erdgas oder einem vergleichbaren Brenngas, wie es das SNG darstellt, wird auch bis zum Ende dieses Jahrhunderts weiter ansteigen. Um auf möglichst lange Zeit die Versorgung mit einem hochkalorigen gasförmigen Brennstoff sicherzustellen,. ist es notwendig, die Erdgasvorräte durch die Vergasung, vorzugsweise von Kohle, zu strecken. Ein weiterer Punkt, der für die Vergasung von Kohle spricht, ist der Umstand, daß man auf den Einsatz von schwefelreichen Kohlen nicht verzichten können wird. Die Entschwefelung solcher schwefelreicher Kohlen kann im Wege über die Kohlevergasung weitgehend problemlos und kostengünstig durchgeführt werden.

Die Tendenzen der Weiterentwicklung der technisch erprobten Verfahren können dahingehend zusammengefaßt werden, daß man versucht, beim Lurgi-Verfahren als Vergasungsmittel wieder Luft gegenüber dem teuren Sauerstoff zum Einsatz zu bringen, die Generatorleistungen zu steigern und hinsichtlich des Kohleeinsatzes einerseits eine Erhöhung des möglichen Staubanteiles anstrebt und andererseits mit backenden und ballastreichen Kohlen weitere technische Erfahrungen gewinnen will. Beim Koppers-Totzek-Verfahren wird man sich weitgehend um die Anwendung von Druck bemühen, wobei die Einspeisung des Kohlestaubs und das Ausschleusen der Schlacke die wesentlichen Probleme darstellen.

Die Frage nach der Wirtschaftlichkeit dieser Verfahren wird sehr differenziert zu beantworten sein. Niedrige Kohlepreise und sehr große Anlagekapazitäten werden in den USA Gasabgabepreise ermöglichen, die den Erdgaspreisen ziemlich nahekommen, während in Europa und da vor allem in Österreich wesentlich höhere Kohlepreise und voraussichtlich kleinere Anlagegrößen höhere Gasabgabepreise nach sich ziehen. Auf Grund der sehr labilen Verhältnisse auf dem internationalen Energiemarkt läßt sich hier jedoch eine Voraussage über die Preisentwicklung und damit die wirtschaftliche Anwendung der Vergasungsverfahren für die Zeit ab 1985 gegenwärtig nicht erstellen.

Literatur

von Gratkowski, H.-W.: Kohlevergasung. Ullmann, Band 10, S. 376 -458.
Ullmann Ergänzungsband (1970), S. 389 - 392.

Hiller, H.: Lurgi-Druckvergasung. DGMK-Tagung in Hamburg , 1974.

von Gratkowski, H.-W.: Stand und technische Möglichkeit der Kohlevergasung. DGMK-Tagung in Hamburg, 1974.

Perry, H.: Coal Conversion Technologie. Chem. Eng. 1974, H. 7. S. 88.

Adam, D., et al.: Coal Gasification by Pyrolysis. Chem. Eng. Prog., 1974, 6, S. 74.

King, D., Hill G.: Erforschung und Entwicklung der Kohlevergasung in den USA.
gwf - gas/erdgas, 1974, S. 201.

Jüntgen, H.: Vergasung mit Kernreaktorwärme, DGKM-Tagung in Hamburg, 1974.

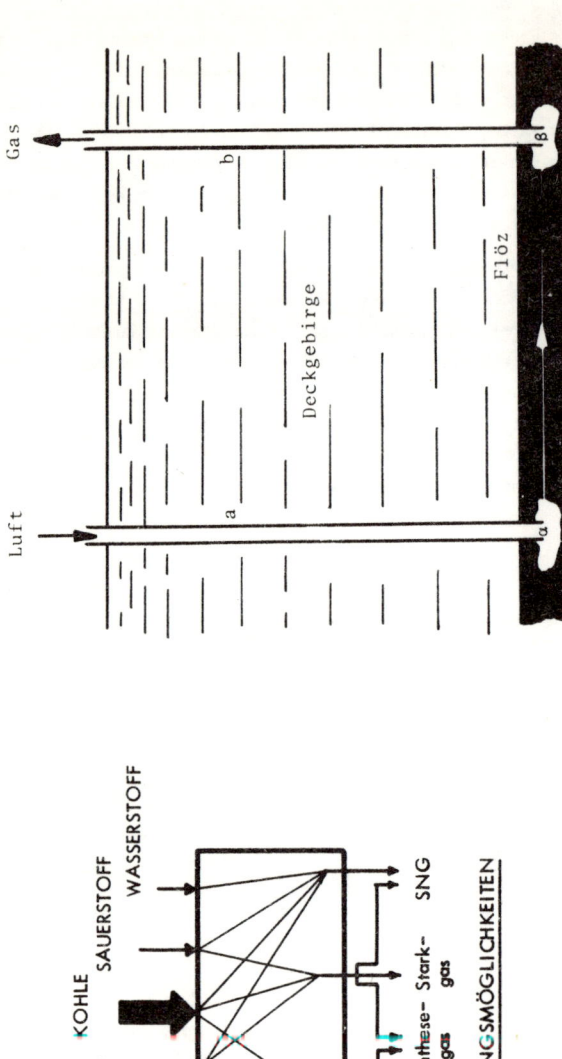

Abb. 2: Untertagevergasung

Abb. 1: Möglichkeiten der Kohlevergasung

- 37 -

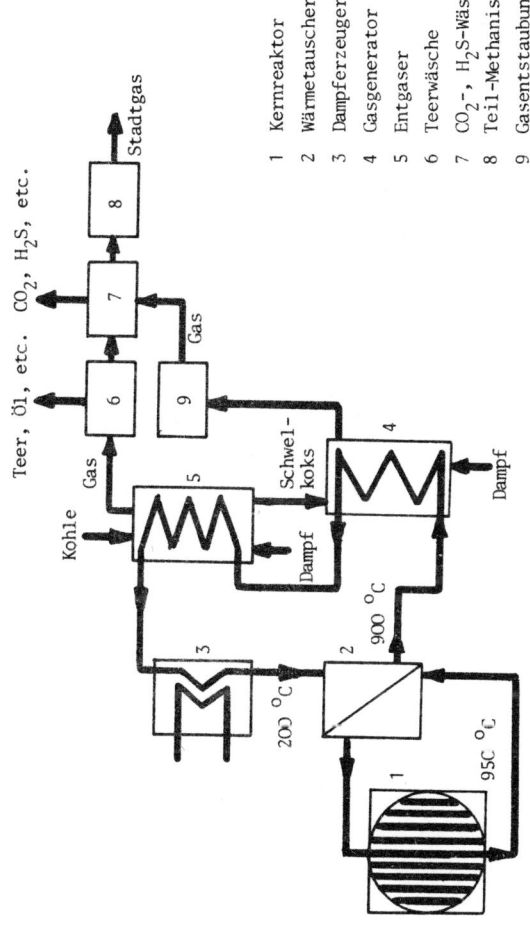

Abb. 3: Herstellung von Stadtgas durch Entgasung und Wasserdampfvergasung von Kohle mit HTR-Wärme

- 38 -

ENERGIESYSTEME

Hon.-Prof. Dipl.-Phys. Dr. Wolf Häfele
Leiter des Projektes "Energiesysteme" und Vizedirektor am Internationalen
Institut für angewandte Systemanalyse
Lehrbeauftragter an der TU Karlsruhe und an der TU Wien

Ich werde über Energiesysteme berichten und darf von vornherein klarstellen, daß
ich von Haus aus Physiker bin und daß sich für mich das allgemeine Problem der Energiesysteme von da her erst langsam erschlossen hat. Freilich ist festzuhalten, daß
es auch ganz andere Zugänge gibt: etwa von ökonomischer oder ökologischer Seite her;
ich für meine Person aber komme aus der ingenieurmäßigen, naturwissenschaftlichen
Richtung, vielleicht spiegelt sich das auch in der Argumentation wieder.

Ich meine, daß es immer nützlich ist, wenn man sich mit den Fragen der Energiesysteme beschäftigt, sich zunächst einmal qualitativ über den Zusammenhang von Energiebedarf und Energiedeckung klar zu werden. Ein gutes Beispiel ist dabei die Bundesrepublik Deutschland, wovon ich die Daten verhältnismäßig gut zur Hand habe.

In der Bundesrepublik Deutschland (Abb. 1) ist im Jahre 1971 ein großer Anteil der
Primärenergie (etwa 55 %) importiertes Öl und nur ein sehr kleiner Anteil sind hei-
mische Ölquellen. Der Anteil von Kohle (Braunkohle und Steinkohle) ist relativ groß,
Naturgas, Wasserkraft und Kernenergie sind im Jahre 1971 relativ bescheiden. Etwa
22 bis 25 % der Primärenergieerzeugung gehen in die Bereitstellung von Elektrizität,
dabei wird einerseits eine große Menge an Abwärme frei, andererseits wird die Elektrizität für den Bereich von Haushalten und Kleinbetrieben bzw. die Industrie benötigt, ein kleiner, sehr kleiner Anteil geht in den Transportsektor. Außerdem ist
der Anteil der sogenannten nützlichen Energie und der Abfallenergie aufgezeichnet
und hier ist das Verhältnis etwa 1 : 1. Man findet auch andere Darstellungen, weil
nicht immer die Definition des thermo-dynamischen Wirkungsgrades bzw. des praktischen Wirkungsgrades einheitlich ist. In manchen Darstellungen ist der Anteil der
Abfallwerte größer als hier angegeben. Aber für die qualitative Orientierung reicht
das aus. Bitte jetzt auch noch zu Ihrer Orientierung: Die Angaben sind in Millionen
Fässer pro Tag Öl-Äquivalent. D. h. in der Bundesrepublik wurden im Jahre 1971 etwa
4 Millionen barrel pro Tag verbraucht. Häufig werden heute in der Presse solche Zahlen zitiert und dann ist es gut, von da her jedenfalls einen Maßstab zu haben. Nachdem wir uns so ein qualitatives Bild über den derzeitigen Energiebedarf und die Energiedeckung geschaffen haben, ist es vernünftig, einmal einen großen Blick voran zu
tun und uns die Frage der fossilen Reserven zu stellen.

Die fossilen Reserven (Abb. 2) werden häufig in Zahlen angegeben und es wird gesagt,
so und so viele Reserven sind vorhanden. Etwa in der inzwischen berühmten Arbeit
von King Hubbert in Scientific American vom September 1971, wo es eine ganz ausge-

zeichnete Darstellung gibt, stehen auch Tabellen, wo es heißt, es gibt 600 Milliarden barrel Erdöl an Vorräten. Das alles sind quantitative Ausdrücke einer qualitativen Situation und die teilweise scheinbaren Widersprüche bei den verschiedenen
Zahlenangaben kommen daher, daß das, was Ölreserven und was Ölressourcen sind, gar
nicht sauber definiert ist. Vielmehr gilt der qualitative Zusammenhang, der hier angegeben ist. Das in meinen Augen bisher relativ beste Dokument auf diesem Gebiet ist
erst im September 1974 herausgekommen, nämlich die Ausarbeitung der Weltenergiekonferenz von Detroit über die vorhandenen Uranreserven und die allgemeinen Brennstoff-
und Energiereserven; sie stellen nach meinem Dafürhalten heute die quantitativ beste Quelle dar, aber noch keineswegs eine gute Quelle. Mehr Arbeit ist erforderlich,
auch in Hinblick auf die anzuwendenden Methoden, um noch potentielle Reserven überhaupt abschätzen zu können.

Nachdem ich somit hinreichend klargestellt habe, daß alle Zahlen nicht wörtlich zu
nehmen sind, möchte ich Ihnen einige Zahlen geben (Abb. 3), und zwar die Zahlen von
Hubbert aus der zitierten Arbeit, aber auch nicht in absoluten Einheiten, sondern in
Anzahl von Jahren, die diese Reserven reichen würden, wenn nur der Bedarf von 1970
vorliegen würde, d. h. keine zusätzliche Steigerung des Bedarfs. Dann ist für 770
Jahre Kohle vorhanden, für 44 Jahre Rohöl, für 4,5 Jahre Schieferöl, für 40 Jahre
Naturgas, für etwa 20 Jahre übrige Quellen; insgesamt etwa für 900 Jahre. Wenn es
dabei bleiben würde - ein beruhigendes Bild. Denn es ist nicht automatisch klar, daß
wir für Probleme, die erst in 900 Jahren auftreten werden, schon heute zu sorgen
hätten.

Ich möchte hier einmal die Einheit Q vorstellen: sie ist definiert als 10^{18} British
thermal units (BTU), oder was fast genau dasselbe ist, 10^{21} Watt-Sekunden. In diesen Einheiten ist der Weltenergiebedarf im Jahr 1970 ein Viertel Q pro Jahr. Es ist
vernünftig, sich klar zu machen, daß es drei verschiedene Gründe für einen ständig
wachsenden Energiebedarf gibt. Einer von dreien ist die Wachstumsrate der industri-
alisierten Länder. Ich möchte mich nicht über Nullwachstum auslassen, aber sicherlich läßt sich Nullwachstum nicht von heute auf morgen erreichen und hat vermutlich erheblich weitergehende Konsequenzen, als wir alle es auch nur ahnen können.
Was heute ernsthaft zur Diskussion steht, ist eine Reduzierung des Wachstums, etwa des Energieverbrauches, von 5 oder 5 1/2 % auf 3 bis 3 1/2 %. Das sind die Fragen, die heute ernsthaft diskutiert werden können. Das wäre also der erste Punkt.

Der zweite ist der steigende pro Kopf-Verbrauch in den Entwicklungsländern, d. h.
die Entwicklungsländer entwickeln sich, und darüber hinaus gibt es drittens ein Be-
völkerungswachstum. Selbst wenn wir heute drastische Maßnahmen ergreifen würden,
sind alle jene, die in den nächsten 10 Jahren heiraten werden, schon heute geboren,
so daß also jede Maßnahme, sei sie auch noch so drastisch, erst mit erheblicher

Zeitverzögerung bei der Frage des Bevölkerungswachstums irgend etwas bewirken könnte. Es ist also unrealistisch zu sagen, wir rechnen insgesamt in der Welt mit einem
Nullwachstum von Energiebedarf; sondern eine erhebliche Zeitspanne, aus sachlichen
wie aus moralischen Gründen heraus, müssen wir uns mit dem Wachstum des Energiebedarfes abfinden. Man kann dieses abschwächen, aber nicht ausschalten. Unter diesen
Umständen kann man sich klar machen, was vielleicht im Jahre 2000 vorliegt: eine
niedrige Schätzung für die dann vorhandene Weltbevölkerung beläuft sich auf 8 Milliarden und etwa 5 kW pro capita, d. h. global 1,2 Q pro Jahr. Eine obere Schätzung
würde vielleicht 12 Milliarden Menschen angeben und 8 kW pro capita, entsprechend
3 Q pro Jahr. Bitte haben Sie vor Augen, daß schon heute in den Vereinigten Staaten
etwa 12 kW pro capita verbraucht werden, in der Bundesrepublik 6 bis 7 kW. Es sind
also eher kleine Zahlen, die ich hier angegeben habe. Unter solchen Umständen kommt
ein Faktor zwischen 5 und 12 zustande gegenüber dem Energiebedarf des Jahres 1970.
Dann sieht der Blick auf die fossilen Reserven anders aus:

Denn nun haben wir im Jahre 1970 zwar noch für 900 Jahre Zeit, im Jahre 2000 aber
nur noch für 155 bei der niedrigen Schätzung, dagegen bei der höheren Schätzng nur
noch für 73 Jahre. Wenn wir nur von Öl reden, dann haben wir im Jahre 2000 dieses
nach obiger Rechnung nur noch für 21 Jahre. Das bedeutet, daß im Sinne einer qualitativen Aussage von heute an noch für etwa 40 bis 50 Jahre Öl vorhanden ist. Das
scheint eine verhältnismäßig lange Zeitspanne zu sein. Andererseits gibt es eine
ganz andere Zeitskala, nämlich die Zeitskala technologischer Entwicklungen und Einführung neuer Techniken. Die Einführung neuer Techniken einschließlich ihrer Entwicklung hat eine Zeitdauer von 20 bis 30 Jahren. Man kann also sagen, wir haben
nur noch zweimal Zeit, einen neuen technologischen Ansatz zu machen, um dann auf
nicht-fossiler Basis Energie bereitzustellen. Dann freilich sieht die Situation
anders aus. Ich spreche als jemand, der system-analytisch tätig ist. Eine zentrale
Aufgabe einer Systemanalyse des Energieproblems besteht darin, sich über die Zeitskala des Energieproblems und der daraus erforderlichen Schritte klar zu werden.

Nun machen wir uns einmal klar, wie es à la longue aussehen wird (Abb.4). Kurzfristig ist das Energieproblem ein ressourcen-orientiertes Problem. Das haben wir eben
behandelt. Langfristig sieht es vollständig anders aus. Langfristig wird das Energieproblem überhaupt nicht ressourcen-orientiert sein. Vielmehr stehen, wie wir es
heute absehen, insgesamt 4 Optionen bereit, um praktisch unbegrenzte Mengen an
Energie bereitzustellen. Insbesondere gibt es die nukleare Spaltenergie, die etwa
5 Millionen Q bereitstellen kann. Das ist möglich auf Grund der Verwendung des Brut-
reaktorprinzips, wo alles Uran zur Anwendung kommt. Heute ist die Fusion noch nicht
gangbar, die, wenn sie entwickelt ist, für eine ähnlich lange Zeit ebenfalls Brennstoff bereitstellen kann.

Im Gegensatz zu einer weit verbreiteten Meinung ist die Art von Fusion, die heute ernsthaft technisch diskutiert werden kann, nämlich auf der Basis der D-T-Reaktion, eine Quelle, die nur etwa die gleiche Größenordnung hat wie die Spaltenergie. Sonnenenergie steht, mit menschlichen Maßstäben gemessen, für unendlich lange Zeit zur Verfügung. Auch Erdwärme stellt, absolut genommen und rein als Zahlenbeispiel gerechnet, wenn man jetzt nicht von Heißwasser- oder Heißdampfquellen redet, sondern von der Erdwärme, einen sehr großen Speicher dar.

Neben der technischen Reife, die hier angegeben oder mit Bemerkungen versehen wird, gibt es freilich bei allen diesen Energiesorten Nebeneffekte. Heute sagen wir Nebeneffekte, weil das Ressourcen-Problem im Vordergrund steht und der absolute Umfang des Umganges mit dem Energieproblem ein begrenzter ist. Wenn wir aber erst einmal in großem Stil Energie erzeugen, 20, 30 oder 40 mal mehr als heute, dann werden die Nebeneffekte zu Haupteffekten werden. Ich werde noch mehr darüber sagen. Bei der Kernspaltung sind solche Nebeneffekte die Lagerung von radioaktiven Spaltprodukten oder die normalen Betriebsverluste bei dem Betrieb kerntechnischer Anlagen. Entgegen einer weit verbreiteten Meinung muß man sich auch bei der Fusion - jedenfalls grundsätzlich - mit diesem Problem auseinandersetzen. Es ist wahrscheinlich, daß es quantitativ milder ausfallen wird, aber doch nicht so milde, als daß dieses Problem nicht existieren würde. Aktiviertes Material wird durch Beschuß von 14-MeV-Neutronen zustande kommen, und mit radioaktiven Verlusten werden wir auch bei den Fusionsreaktoren zu rechnen haben. Bei der Sonnenenergie scheint es auf den ersten Blick, daß sie nebenwirkungsfrei ist. Das ist aber undeutlich. Denn wir brauchen sehr große Flächen bis zu 1 Million Quadratkilometer, und es ist unklar, ob da nicht doch eine Klimarückwirkung entsteht. Was bei der Erdwärme an Nebeneffekten eintreten wird, ist heute noch nicht zu übersehen. Immerhin gibt es vielleicht die Möglichkeit der Erdbeben, wenn das thermische Gleichgewicht der Erdkruste lokal verändert wird. Der Punkt, auf den ich hinaus will, ist, daß alle vier Optionen - im großen Stil betrieben - ihre Nebeneffekte haben werden.

Ein Wort zum schnellen Brüter: Von diesen vier Optionen ist es der schnelle Brüter, der die Kernenergiespaltung zu einer Option macht, die über hunderttausende von Jahren die Möglichkeit bereitstellt, Energie zu erzeugen. Unter den vier Optionen ist sie die einzige, die heute nicht nur physikalisch, sondern auch technisch-industriell bereits gangbar ist.

Das Energieproblem zerfällt in drei zeitliche Phasen: Die kurzfristige Phase ist Ressourcen-orientiert und dadurch bestimmt, daß uns nichts weiter übrigbleibt als mit der Ressourcenknappheit, die in den nächsten 10 bis 15 Jahren eine politische ist und keine Versorgungsfrage, irgendwie fertig zu werden: durch Energiesparen, durch sorgfältiges Umgehen mit Energie, durch Bereitstellung von Quellen, die sonst nicht ohne weiteres zugänglich sind. Auf den zweiten Satz komme ich sofort. Langfristig, d. h. frühestens vom Jahre 2000 an oder ein wenig später kann man sich entweder mit Kernspaltung, mit Sonnenenergie oder Fusion oder geothermischer Energie aus der Ressourcenfrage befreien; dann gibt es also die Übergangsphase, die die kurzfristige Phase und die völlig anders geartete langfristige Phase miteinander verbindet, und die deswegen besonders spannend ist. Spannend deswegen, weil man jetzt die Frage stellen muß: reichen die fossilen Reserven aus, um diesen Übergang zu meistern (siehe Abb.5)?

Das aber ist eine Nahaufgabe, d. h. wir müssen den Übergang einer Übergangsphase vorbereiten und zwar in technologischer und gesetzgeberischer Hinsicht; und aus diesem Grunde müssen wir uns schon heute mit den langfristigen Aspekten auseinandersetzen. Denn wie ich schon erwähnte: Wir können nicht dauernd herumprobieren und sagen, jetzt machen wir einmal diesen Übergang und einmal jenen Übergang. Jeder Übergang kostet 30, 40 oder 50 Jahre: und wir haben nur für einen, höchstens zwei Übergänge Zeit. Deswegen müssen wir uns schon heute mit den langfristigen Aspekten auseinandersetzen. In der Welt gibt es heute sehr viele Energiestudiengruppen, etwa die Studiengruppe der Ford-Foundation. In Laxenburg versuchen wir, diese Gesamtperspektive herauszustellen.

Ich möchte nun ein wenig erläutern, was denn die Probleme sind, die das Energieproblem langfristig stellt. Sowohl chemische Energie in Form von fossilen Vorräten als auch nukleare Energie, etwa in Form von Uran oder Lithium, stellen Bindungsenergie dar. Wenn Bindungsenergie erst einmal freigesetzt ist, so hört diese Energie nie mehr auf zu existieren, d. h. sie kann nicht aus der Welt geschafft werden. Trotzdem muß sie ja irgendwohin, denn kumulieren kann sie ja nicht. Wo geht sie hin? Sie geht den Weg aller Energie, die auf die Oberfläche der Erde eingestrahlt wird, nämlich als Wärmestrahlung in den Weltraum (Abb.6). Dazu machen wir uns klar, daß die Einstrahlung von der Sonne pro m^2 Kugeloberfläche gemittelt über alle Breiten und gemittelt über Tag und Nacht 340 W/m^2 ist. Von diesen 340 W werden 34 % sofort wieder nach außen reflektiert, nur 47 % gehen als sichtbares Spektrum auf die Erdoberfläche, 19 % werden schon beim Durchgang durch die Atmosphäre absorbiert. Knapp die Hälfte der 340 W/m^2 erreichen also die Oberfläche. Von den 47 % der ursprünglich vorhandenen Einstrahlung werden 20 % benutzt, um die Infrarotbilanz zu decken. Es gibt eine Infrarotstrahlung, eine Wärmestrahlung, von der Erdoberfläche in die Atmosphäre, d. h. in die Wolken, und von den Wolken an die Oberfläche zurück. Die Wolken strahlen auf die Erde mehr zurück als überhaupt eingestrahlt wird. Natürlich strahlt auch die Erde auf die Wolken zurück, sonst würde die Rechnung nicht aufgehen. 22 % werden dazu benutzt, den Regenzyklus zu treiben. Das sind etwa 80 W/m^2, gemittelt über die Erdoberfläche und über Tag und Nacht. 80 W/m^2 sind deshalb ein guter Maßstab, um sich mit den lokalen Energiedichten, wie sie etwa durch menschliche Tätigkeiten zustande kommen, auseinanderzusetzen. 5 % davon sind für Konvektion da. Wenn also die vom Menschen freigesetzte Bindungsenergie, chemisch oder nuklear, letzten Endes denselben Weg geht, nämlich als Wärmestrahlung in den äußeren Raum, dann ist es sinnvoll, ständig mit diesem natürlichen Maßstab zu rechnen. Vor allem auf lokaler Basis wird das eine Konsequenz haben. Bei dem Abwärmeproblem stoßen wir zum ersten Mal mit dieser Fragestellung zusammen. Das Abwärmeproblem ergibt sich heute als ein regionales, lokales Problem. - Wir werden aber sehen, wie die allgemeinen Perspektiven sind.

In unseren Breiten gibt es ungefähr 80 cm Regen pro Jahr. Etwa die Hälfte verdunstet sofort wieder. 40 cm pro Jahr gehen als Wasserzufluß in die Seen und in die Flüsse und fließen letzten Endes in das Meer. Wenn ich die gesamte Flußmenge, also die halbe Regenmenge, um 2 ^{o}C aufwärme, kann ich mir in einer einfachen Überschlagsrechnung ausrechnen, wieviel Abwärme ich abführen kann. Das sind nur 0,1 W pro m^2 und das setzt voraus, daß sämtliche Flüsse zur Durchlaufkühlung benutzt werden. In der Bundesrepublik sind wir von diesem Zustand gar nicht so weit entfernt. D. h. alle möglichen Standorte für Kraftwerke an Flüssen sind heute, potentiell jedenfalls, vergeben. Daß wir überhaupt in der Bundesrepublik ein Problem haben, kann man an dieser Zahl erkennen. Die nächste Stufe sind Naßkühltürme. Wenn wir sämtliche Flüsse durch Naßkühltürme schicken - eine illusionäre obere Grenze - würden wir nur 40 W pro m^2 abführen können. Wie sehen demgegenüber die Energiedichten, die von Menschen gemacht werden, in unseren Breiten bei unserem Zivilisations- und Industrialisierungsgrad wirklich aus?

Hier kommt der Punkt, auf den ich hinaus möchte. Heute ist der globale Mittelwert bei der von Menschen erzeugten Energie 0,033 W/m^2. Betrachten wir lokale Mittelwerte, etwa den Mittelwert für die gesamte Bundesrepublik Deutschland, dann sind wir schon bei 1 W pro m^2. Sie erinnern sich an die 0,1 W/m^2 mit Durchlaufkühlung, nun, die Rechnung ist zu hoch, um es einzeln miteinander vergleichen zu können; das sind Größenabschätzungen, an denen man aber in der Tat erkennen kann, daß wir es in der Bundesrepublik Deutschland und auch sonst in der Welt mit einem Kühlwasserproblem zu tun haben. Im Ruhrgebiet sind es schon heute 17 W/m^2. Morgen wird der globale Durchschnitt 1,25 W/m^2 sein, in der Bundesrepublik vielleicht 5 bis 7 W/m^2 und in einzelnen Gebieten bis zu 1000 W/m^2. Nun, dann taucht natürlich die Frage auf: wenn das regional eine Rolle spielt, wann wird aus diesem regionalen Problem ein globales?

Wir sind deswegen in Laxenburg dazu übergegangen, die auf der Welt kompetenten Gruppen anzusprechen, es gibt nur zwei oder drei, die seit einigen Jahren in der Lage sind, sehr große Computerprogramme laufen zu lassen, welche aus Gründen der Wettervorhersage zusammengestellt wurden.

Die Gleichungen, die das Wetter bestimmen und das Klima beschreiben, sind hochgradig nichtlinear. Das sind letztlich die Navier-Stokes-Gleichungen; sie zeigen Phänomene, die wir als Physiker, wo der Rest der Physik linear ist, nicht voll verstehen. Es gibt Fern- und Dauerwirkungen, wo schließlich alles von allem abhängt. Dann ist die

Frage: wie rück- oder umverteilt sich das Wetter, wenn zwar im Durchschnitt keine Temperaturerhöhung zustande kommt, aber trotzdem regionale Umschichtungen möglich sind. Um diese Fragestellung auf die Spitze zu treiben, haben wir in Zusammenarbeit mit Bracknell in London und mit Boulder in Colorado den Fall betrachtet, daß wir die gesamte Primärenergie der Menschheit an 2 Plätzen im Meer erzeugen, an jedem Platz $1,5 \cdot 10^{14}$ W, das sind also zusammen runde 5 Q.

In Abb. 7 sind gegenüber dem Referenzfall die anstehenden Temperaturdifferenzen aufgetragen. Das Ganze ist das Ergebnis eines ganz außerordentlich umfangreichen Rechenprozesses, und Sie sehen, daß hier große Temperaturschwankungen zustande kommen, die man zunächst einmal zur Kenntnis nehmen soll. Ich möchte Sie aber warnen, sie mehr als zur Kenntnis zu nehmen. Heute bestehen keine Methoden dafür, daraus verbindliche Schlüsse zu ziehen. Ich kann also mit diesem Bild nicht mehr als einen Hinweis geben, ich kann kein Resultat berichten, und ich möchte Sie warnen, diese Zahlen zu deutlich zu nehmen. Wenn die mittlere Temperaturerhöhung ein Gesichtspunkt war, die Umverteilung des klimatologischen Wetters ein zweiter, dann scheint es so zu sein, daß ein noch sensiblerer Indikator die Umverteilung des Regens ist. Der Regen hat eine erhebliche Rückwirkung auf das Nahrungsmittelproblem; und das Problem, welches wir heute als Systemanalytiker anzugehen versuchen, besteht eben darin, den Horizont so zu öffnen, daß, wenn wir mit Energie umgehen oder von Energie reden, uns klar werden, bis in welche Gebiete hinein das Konsequenzen hat.

Nun, wenn also die Hydrosphäre und die Atmosphäre zwei Dimensionen sind, in denen man sich über den Umgang mit Abwärme klar werden muß, gibt es auch noch andere Sphären. Das Gebiet der Umweltverschmutzung ist eine dritte Dimension oder allgemeiner gesagt: die ökologische Dimension. In Laxenburg gibt es eine besonders enge Zusammenarbeit zwischen dem Energieprojekt und dem Ökologieprojekt. Sowohl in inhaltlicher als auch in meteorologischer Hinsicht. Andererseits wird heute so viel über den Zusammenhang von Energie und Umwelt berichtet und es gibt so viele ausgezeichnete Arbeiten zu diesem Thema, daß ich mich darüber an dieser Stelle nicht im einzelnen auslassen möchte. Es gibt aber eine vierte Sphäre, über die ich ausführlicher sprechen möchte, weil wenig von dieser Sphäre die Rede ist. Lassen Sie uns das an der Abb. 8 klar machen. Was sind die Maßnahmen gegen das Unbekannte? Das sind Sicherheitsmaßnahmen. Jede Lokomotive, jede technische Einrichtung, jeder Kernreaktor, jedes Flußkraftwerk, jeder Staudamm usw. wird von Sicherheitsmaßnahmen bestimmt. Schon immer haben die Ingenieure sich klargemacht, was denn alles passieren könnte. Und auf dieser Basis wurden Sicherheitsmaßnahmen eingebaut. D. h. man mußte bestimmte Ereignisse antizipieren, um daraufhin Sicherheitsmaßnahmen vorsehen zu können. Jede technische Maßnahme ist mit Notwendigkeit eine begrenzte Maßnahme. Infolgedessen sind die Ereignisse, die zu antizipieren sind, notwendigerweise innerhalb gewisser Grenzen. Das liegt in der Natur der Sache.

Denn in der Vergangenheit waren technische und menschliche Maßnahmen immer begrenzten Umfanges. Wenn etwas schief ging, war es schlimm, aber nur begrenzt schlimm. Wenn wir aber 20 Q pro Jahr bereitzustellen haben, stellt das neue Dimensionen dar, d. h. ein Ausmaß menschlicher Tätigkeit, wo wir uns auch überlegen müssen, was passiert, wenn Ereignisse eintreten, die jenseits der jeweils vorgesehenen technischen Maßnahmen liegen. Das wurde früher sozusagen als unplausibel, als nicht behandelbar oder unvernünftig abgetan. Nicht nur im Bereich der Technik, auch im Bereich der Rechtsprechung. Heute ist es im Hinblick auf die Reichweite technischer Maßnahmen nicht mehr möglich, Ereignisse lediglich innerhalb der Grenzen zu antizipieren, sondern sie müssen auch außerhalb der Grenzen betrachtet werden. Dann entsteht ein Restrisiko. Von Restrisiko ist heute viel die Rede. Dem Restrisiko kann man aus methodischen und aus praktischen Gründen nur so entgehen, daß man es so einstellt, daß es sich mit ohnehin vorhandenen Risiken größenordnungsmäßig deckt. Die Rasmussen-Studie, die im vergangenen Jahr (1974) fertig geworden ist, stellt auf diesem Gebiet einen Durchbruch dar. Nun, wie würde man methodisch richtig vorgehen? Man würde durch eine technische Anlage die induzierten Restrisiken immer mit den ohnehin vorhandenen natürlichen und übrigen Risiken gleich machen, d. h. man würde das Restrisiko einbetten in ein Spektrum ohnehin vorhandener Risiken. Dann hat man sich über den sehr großen Unterschied zwischen Risiko und Restrisikoverständnis klarzuwerden. An dieser Stelle möchte ich berichten, daß es eine gemeinsame Arbeitsgruppe der IAEA und der IIASA gibt, wo eben diese Dinge ausführlicher untersucht werden, auch im Sinne zu beachtender ethnologischer Unterschiede: man muß sich im Bereich der Hypothezität über nie eintretende Ereignisse klar werden: Was heißt 10^{-8} pro Jahr? Daß in 10 Millionen Jahren einmal ein solches Ereignis antizipiert werden kann. Sicher ist das dann kein Gegenstand von Versuch und Irrtum; Versuch und Irrtum waren aber in vergangener Zeit der große Lehrmeister der Technik. Moderne technische Maßnahmen können aber nicht auf der Basis von Versuch und Irrtum bis zum Ende gebracht werden.

Ich kann nicht mit dem Klima experimentieren: einmal mache ich es so und dann so, und beim hundertsten Mal wissen wir es dann. Darüber ist dann die Regenverteilung kaputt gegangen, d. h. wir müssen uns grundsätzlich ohne (und das ist gar nicht das einzige Beispiel) die konsequente Anwendung von Versuch und Irrtum, d. h. allein im Bereich der Hypothezität über das Ausmaß der zu ergreifenden Sicherheitsmaßnahmen klar werden. Von da her kann man dann etwa die Intensität der nuklearen Debatte verstehen.

Man kann die Perspektive der Energiesysteme zusammenfassen und sagen: In der Vergangenheit brauchte man Brennstoff, billigen Brennstoff. Wenn man billigen Brenn-

stoff hatte, hatte man Energie, und zusammen mit anderen Faktoren, die bei dieser
Betrachtung noch keine Rolle spielen, haben wir dann auch ein Bruttosozialprodukt.
So war es in der Vergangenheit und so ist es in den nächsten 10 bis 15 Jahren. In
Zukunft müssen wir uns mit Dichten als begrenzende Faktoren auseinandersetzen. Wir
haben gesehen, daß die zur Verfügung stehende Menge an Kühlwasser eine Leistungsdichte begrenzt. Nicht eine Leistung, sondern eine Leistungsdichte. Ebenso haben
wir gesehen, daß man auch an die Atmosphäre nicht jede Leistungsdichte abgeben kann
und bei der Umwelt handelt es sich auch um Verschmutzungsdichten und auch beim Risiko handelt es sich um Dichten. Wir müssen Risikodichte, Leistungsdichte, Ver-
schmutzungsdichte unter dem Gesichtspunkt der räumlichen Verteilung aufeinander ab-
stimmen und optimieren. Linear-programming-Modelle sind in der Vergangenheit besonders fleißig zu diesen Zwecken eingesetzt worden.

Lassen Sie mich jetzt noch ausführlicher auf die vorhin erwähnte Übergangsphase zu
sprechen kommen. Bei der Übergangsphase steht das Zeitproblem im Vordergrund. Fisher
und Pry von der General Electric haben eine ganze Reihe von neuen Produkten untersucht und die Frage gestellt, wie schnell sie den Markt erobert haben (Abb.9). Es
überrascht außerordentlich, mit welcher Genauigkeit die sogenannte logistische Kurve die Marktdurchdringung wiedergibt. Innerhalb weniger Prozente können sie die
Markteroberung, etwa des künstlichen Gummis oder der Margarine oder der Kernkraft
bilden. Freilich muß man in allen Fällen eine Übergangskonstante α anpassen, und es
zeigt sich, daß α immer in der Größenordnung von 1/17-, 1/20- bis 1/30 Jahr liegt;
das heißt, die Übergangszeit, innerhalb der etwa 50 % eines Marktes erobert werden,
liegt bei allen Produkten oberhalb von 20 Jahren.

Nehmen wir jetzt einmal an, daß ein imaginärer Brennstoff auftauchen würde: "Solfus".
"Solfus" soll ein Kunstname sein und eine Zusammensetzung von Solar und Fusion be-
deuten, was immer auch am besten geht. Einen spürbaren Bruchteil des Marktes wird
Solfus nicht vor dem Jahre 2000 erobert haben (Abb. 10). Unterstellen wir, daß dann
Solfus marktgerecht ist und den Markt übernehmen wird, wird doch der Nuklearteil
zunächst ansteigen und dann erst wieder gegen Null gehen. Von da her hat man sich
auch mit der Kernenergie und mit allen übrigen Dingen auseinanderzusetzen.

Das bedeutet, daß wir stärker als bisher dem Sekundärenergienetz Aufmerksamkeit
schenken müssen, auch wenn es im Augenblick hauptsächlich um die Aufbringung der
Primärenergie geht. Mittelfristig geht es darum, ein intelligentes Sekundärenergienetz bereitzustellen. Es spricht sehr viel dafür, daß das moderne Sekundärenergienetz in Zukunft zwei Träger haben wird: Elektrizität und Wasserstoff, die sich in
ihren Eigenschaften nahezu ideal ergänzen. Man mag noch, und das ist Gegenstand
mathematischer Modellbildung, über das Verhältnis von Wasserstoff und Elektrizität
diskutieren. Denn es kommt darauf an, ein modernes Sekundärenergienetz so zu bauen,
daß es bezüglich Innovationen auf dem Primärenergiegebiet möglichst invariant ist,

d. h. daß es Einspeisepunkte gibt, wo die Primärenergieart sich ändern und man eben dort auch etwas anderes einspeisen kann: der Verbraucher sieht nur Elektrizität und Wasserstoff.

Das Pipelinenetz in Mitteleuropa, so wie es heute existiert, ist in Abb. 11 zu sehen. Unter anderem gibt es die Einspeisepunkte um Amsterdam und Antwerpen von den Erdgasfeldern her. Es gibt auch die Vorräte in der Nordsee. Wenn wir etwa, um ein Konzept zu bekommen, auf Ekofisk blicken, sehen wir, daß sehr wohl dort dann auch vielleicht ein Primärenergiepark stationiert werden könnte. Das wäre auch ganz vernünftig von den Konversionsverlusten her, die ja immer bei 50 % liegen, so daß wir dort einen schwimmenden Primärenergiepark vielleicht auf einer künstlichen Insel haben würden. Herr Murata aus Japan konzipiert etwa einen solchen Ring von Primärenergie-Inseln um Japan herum, die untereinander durch eine Stabilisations- und Ausgleichsleitung verbunden sind (Abb. 12).

Herr Langeraar in Holland befaßt sich seit einer Reihe von Jahren mit den technischen und juristischen Fragestellungen, die bei solchen künstlichen Inseln entstehen. Solche künstliche Inseln würden ja auch für andere Industriezwecke zur Verfügung stehen, als nur für die Energiebereitstellung. Etwa Industrieprozesse, die die Umwelt besonders belasten.

Als Abschluß gebe ich nun qualitativ Zahlen an, die nicht das Ergebnis einer Rechnung sind. Sie sind quantitativer Ausdruck einer qualitativen Situation. Ich meine, daß von einem imaginären Forschungs- und Entwicklungsetat, der sich für eine längere Zeit auswirken und also entsprechend groß sein soll (einige Milliarden Dollar), nur 40 % für die Bereitstellung und Erforschung von Primärenergie ausgegeben werden soll. Ich meine, daß die Mehrzahl der Gelder für ein modernes Sekundärenergienetz ausgegeben werden sollte, also vielleicht 55 %. Nehmen Sie dies nicht zu wörtlich. Von diesen 40 % müßten ausgegeben werden: 13 % etwa für die Weiterentwicklung der Quellen, die wir schon heute haben, 6 % für Sonnenenergie, 4 % für Fusion, 2 % für andere. Auf der anderen Seite müßten ausgegeben werden: 10 % für die synthetischen Kohlenwasserstoffe, 12 % für Hochtemperatur-Prozeßwärme, 10 % für Energietransport, insbesondere auch Energiespeicherung, für die Bereitstellung von elektrolytischem Wasserstoff, und dann stehen in diesem Schema noch 5 %: damit meine ich nicht nur die Rechnung einer kleinen Gruppe, sondern ich meine auch die dazugehörige Datenerhebung etwa meteorologisch-klimatologischer Art, dies alles subsummiere ich unter den 5 % (Abb.13).

Auf diese Art und Weise könnte man, wenn man genügend langfristig die Dinge faßt, mit dem Energieproblem fertig werden.

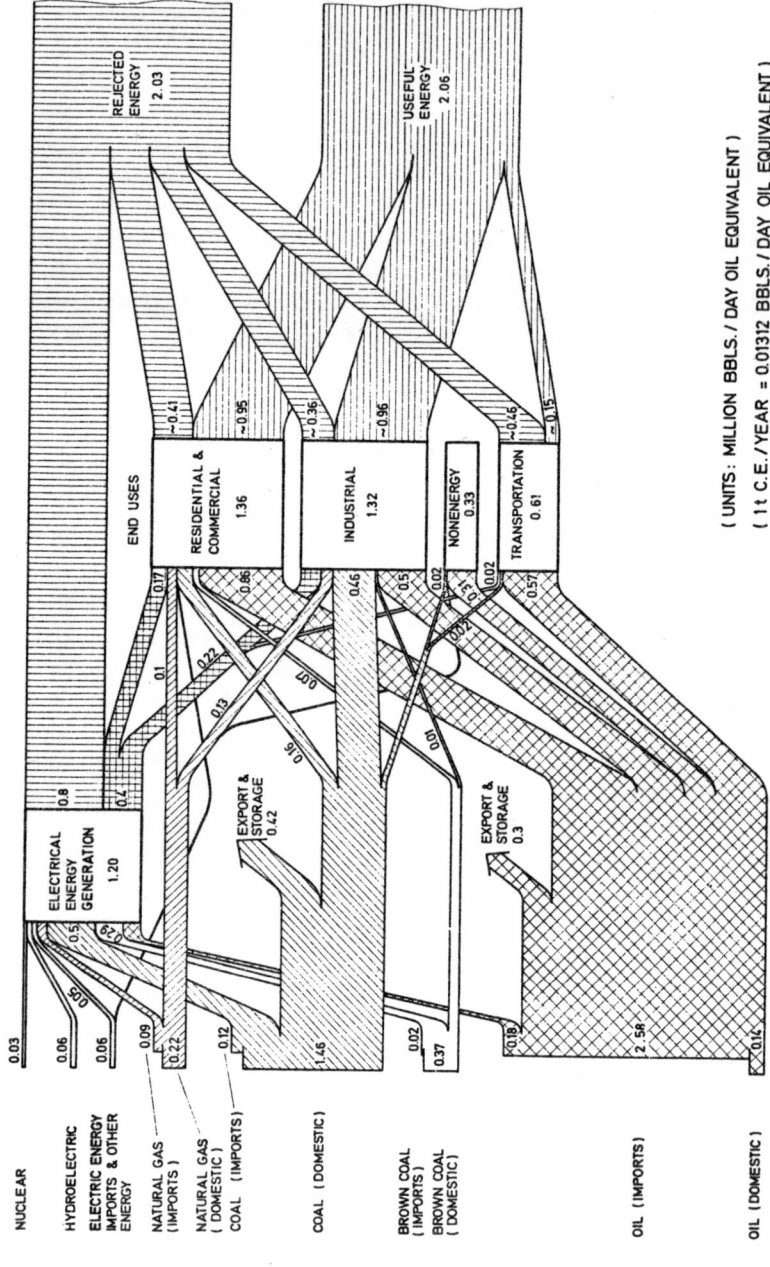

(UNITS: MILLION BBLS. / DAY OIL EQUIVALENT)

(1 t C.E. / YEAR = 0.01312 BBLS. / DAY OIL EQUIVALENT)

Abb. 1: Flußbild für die Gesamtenergie der Bundesrepublik Deutschland (1971)

COAL, LIGNITE AND OIL RESERVES IN WESTERN EUROPE AND U. S.,
AND PERIODS FOR THESE RESERVES TO LAST

		F. R. GERMANY	WESTERN EUROPE	U. S.
COAL AND LIGNITE RESERVES	(Q)	2,92 (+4,37)[1]	3,50 (+4,37)	36,69
OIL AND NAT. GAS RESERVES	(Q)	0,017	0,214	0,469[2]
ANNUAL CONSUMPTION FOR 10 kW/CAP	(Q/YR)	0,018	0,098	0,061
PERIOD OF TIME, IF COAL	(YR)	160 (+238)	36 (+44)	602
OIL AND NATURAL GAS IS USED EXCLUSIVELY[3]	(YR)	0,9	2,2	7,7

$1 \ Q \equiv 10^{18}$ BTU $\hat{=} \ 2,93 \cdot 10^{14}$ kWh $\hat{=} \ 2,52 \cdot 10^{17}$ kcal $\hat{=} \ 3,6625 \cdot 10^{10}$ METRIC TO COAL EQ.
(MTCE)

[1] RESERVES IN DEPTHS BELOW 1200 m, THE USE OF WHICH TODAY IS
NOT FEASIBLE ECONOMICALLY AND SOCIOLOGICALLY

[2] TAR SANDS AND SHALE OIL NOT INCLUDEE

[3] NO POPULATION GROWTH ASSUMED

SOURCE: FIGURES DERIVED FROM DATA OF STATISTICAL YEARBOOK OF THE UNITED NATIONS,
NEW YORK, 1973

Abb. 2: Fossile Reserven

WORLD'S SUPPLY OF FOSSIL FUEL

ratio between resources and 1970 world's annual consumption rate

	according to Hubbert		%
	eventually recoverable	in years of 1970 supply	
COAL	770		88
CRUDE OIL	44		5
SHALE OIL	4.5		0.5
NAT GAS	40		4.5
OTHERS	20 (?)		2
TOTAL	878.5		100

Abb. 3: Welt-Vorratsdauer an fossilen Brennstoffen

FOUR OPTIONS FOR A LONG TERM ENERGY SUPPLY

	SUPPLIES	TECHNOLOGICAL MATURITY	SIDE EFFECTS
FISSION	$\approx 5 \cdot 10^6$ Q	SUFFICIENT FOR REACTORS, NOT YET SUFFICIENT FOR A LARGE SCALE FUEL CYCLE	WASTE DISPOSAL, RELEASE OF RADIOACTIVITY
FUSION (D-T)	$= 10 \cdot 10^6$ Q	NOT YET REACHED	DISPOSAL OF ACTIVATED MATERIAL, RELEASE OF RADIOACTIVITY
SOLAR ENERGY	∞	NOT YET REACHED	NEED FOR LARGE AREAS, MATERIALS IMPACT ON CLIMATE ?
GEOTHERMAL HEAT AVAILABLE	$= 5 \cdot 10^3$ Q (???)	NOT YET REACHED	WASTE DUMPS (?) RELEASE OF POLLUTANTS (?) EARTH QUAKES (?)

Abb. 4: Möglichkeiten einer langfristigen Energieversorgung

THE THREE TIME PHASES OF THE ENERGY PROBLEM

PHASE	CHARACTERISTICS	PERIOD
NEARTERM	ADMINISTRATION OF FUEL SHORTAGES. PREPARATION FOR THE TRANSITION PHASE.	NOW – 1985 (?)
TRANSITION	SUBSTITUTION OF OIL BY COAL, NUCLEAR ELECTRICITY	1985 – 2050
ASYMPTOTIC	BASED ON EITHER: NUCLEAR FISSION, SOLAR, FUSION OR GEOTHERMAL	2000 – forever (?)

Abb. 5: Zeitliche Phasen der Energieversorgung

ENERGIEFLUSS IN DER ATMOSPHÄRE

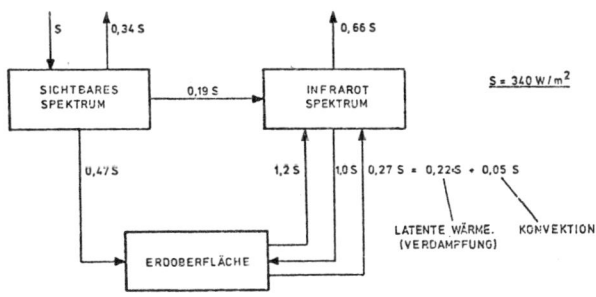

Abb. 6: Energiefluß in der Atmosphäre

- 52 -

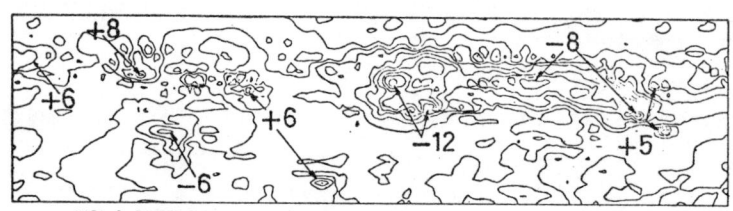

IIASA-2: TEMPERATURE DIFFERENCES FROM CONTROL EXPERIMENT (AVERAGE: DAY 41- DAY 80, σ = 0.9 , CONTROL EXPERIMENT # 72)

Abb. 7: Temperaturdifferenzen

THE UNKNOWN	MEASURES AGAINST THE UNKNOWN	ARRIVING AT MEASURES
EVENTS ANTICIPATED,WITHIN LIMITS. CONTINGENT OR CAUSES UNKNOWN	ENGINEERING OF SAFETY	SPECIFICATIONS FOR RELIABILITY
EVENTS ANTICIPATED,WITHOUT LIMITS. CONTINGENT OR CAUSES UNKNOWN	EMBEDDING OF RISK	HYPOTHETI-CALITY : { FORMALIZED DE-BATE,DECISION UNDER UNCER-TAINTY, STANDARDS; PERCEPTION OF RISK; HYPOTHETI-CALITY { ?? ??
EVENTS NOT ANTICIPATED	STRIVING FOR RESILIENCE	ANALYSIS,CONCEPTS,PRUDENCE

Abb. 8: Maßnehmen gegen das Unbekannte

PENETRATION OF MARKETS

BY NEW TECHNOLOGIES

the logistic curve

$$f = \frac{1}{1 + e^{-\alpha(t-t_o)}} \quad , \qquad \frac{f}{1-f} = e^{+\alpha(t-t_o)}$$

f : FRACTION OF THE MARKET PENETRATED
t_o: TIME AT WHICH f=0.5
α: CHARACTERISTIC OF TRANSITION

after: F. C. Fisher and R. H. Pry : A Simple Substitution Model of
Technological Change

Abb. 9: Markteroberung eines neuen Produktes

U.S. MARKET PENETRATION OF SUBSEQUENT FUELS

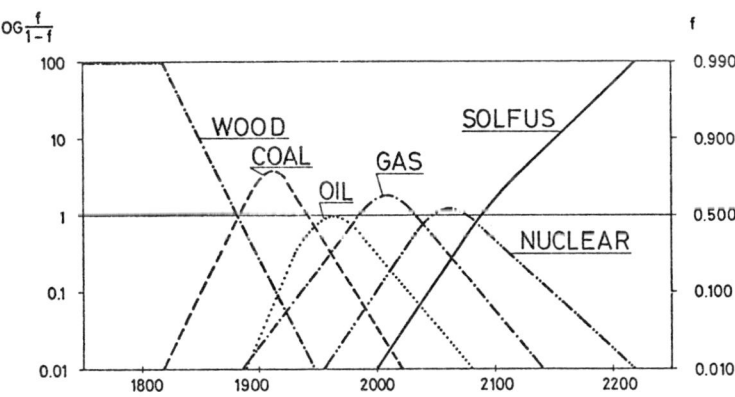

after: Marchetti, IIASA.

Abb. 10: Eindringen von Kraftstoffen in den US-Markt

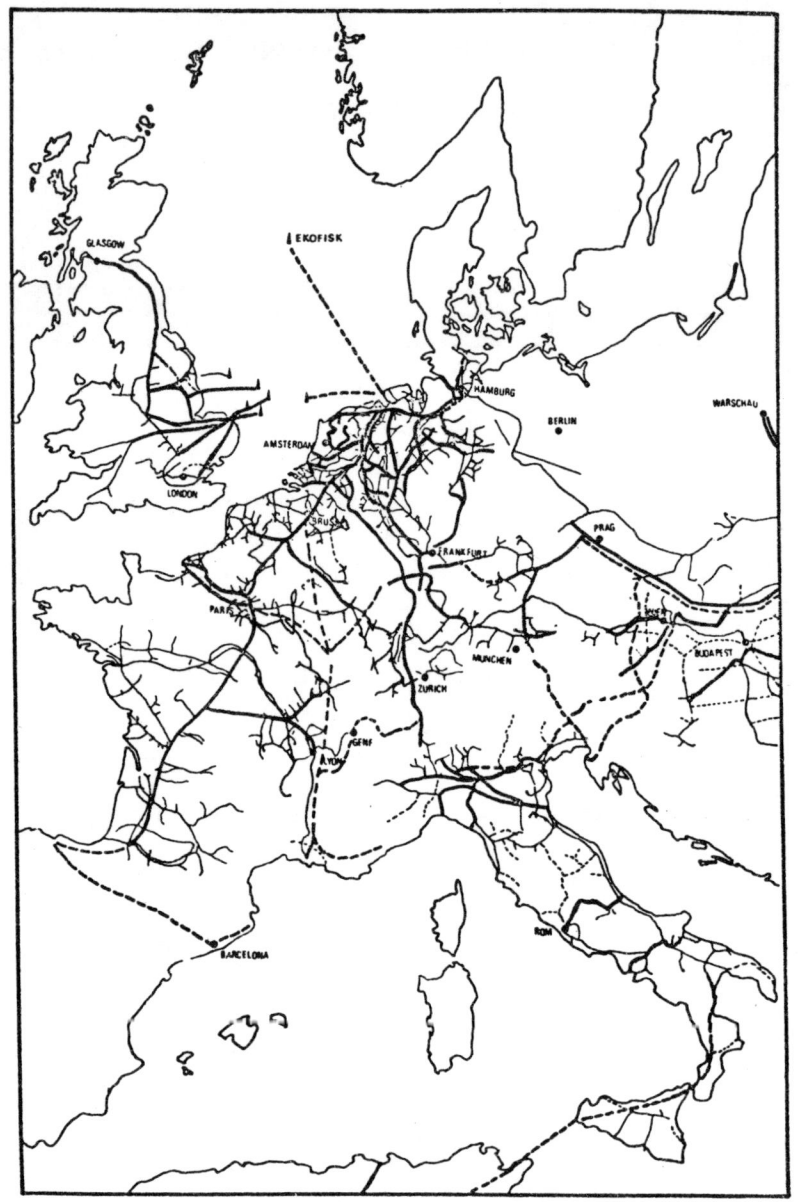

Abb. 11: Erdgas-Pipelinenetz in Mitteleuropa

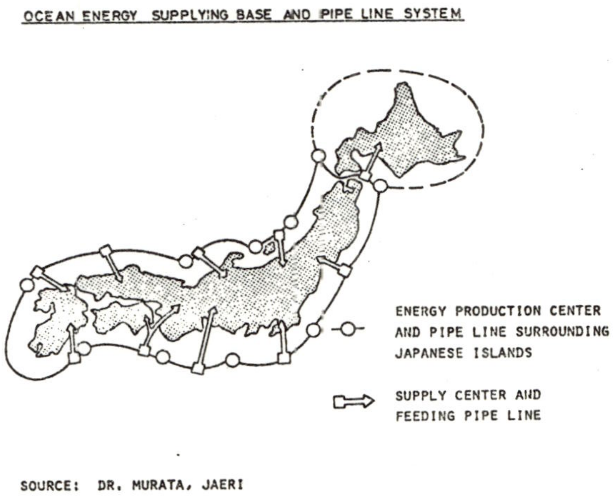

R & D PRIORITIES

for the medium & long range phase
(R&D total funds in the few billion dollar range=100%)

A) RESOURCE ORIENTED R&D: 40%

- DEPLOYMENT OF AN ECOLOGICAL CONSISTENT NUCLEAR FUEL CYCLE — 13%
- L M F B R — 15%
- FUSION — 4%
- SOLAR — 6%
- OTHERS — 2%

B) MODERN SECONDARY FUELS:[+] 55%

- SYNTHETIC HYDROCARBONS, MODERN USES OF COAL OR OIL SHALES — 10%
- HIGH TEMPERATURE NUCLEAR PROCESS HEAT — 12%
- ENERGY TRANSPORTATION — 10%
- ENERGY STORAGE — 10%
- HYDROGEN, ELECTROLYSIS — 13%

C) SYSTEMS ANALYSIS: 5%

- ECO, HYDRO, ATMO, SOCIOSPHERE

[+]with the assumption not to opt for an all coal economy

Abb. 13: Aufteilung eines Forschungs- und Entwicklungsetats

OCEAN ENERGY SUPPLYING BASE AND PIPE LINE SYSTEM

ENERGY PRODUCTION CENTER AND PIPE LINE SURROUNDING JAPANESE ISLANDS

⊸⊙— SUPPLY CENTER AND FEEDING PIPE LINE

SOURCE: DR. MURATA, JAERI

Abb. 12: Primärenergie--nseln und Primärenergie-
ring um Japan

ERDGAS ALS ENERGIETRÄGER

Univ.-Prof. Dipl.-Ing. Dr. Alfred Schmidt

Vorstand des Institutes für Verfahrenstechnik und Technologie der
Brennstoffe an der TU Wien

Der Energieverbrauch fast aller Länder Europas ist in den letzten Jahrzehnten sprung-
haft angestiegen. Der Träger dieses Anstieges war überwiegend das Erdöl und seine
Produkte. Daneben hat sich aber auch das Erdgas einen nicht unerheblichen Anteil des
Energiemarktes erobert, der derzeit in Europa etwa 10 % beträgt, in unserem Lande
sind es rund 15 %.

Die neu erarbeitete Energiestrategie der EWG sieht vor, daß bis 1985 fast ein Viertel des europäischen Energieverbrauches durch Erdgas gedeckt werden soll. Das Erdgas
ist also auch in Europa zu einem der bedeutendsten Energieträger geworden, ein Zustand, der in den Vereinigten Staaten von Amerika seit längerer Zeit gegeben ist.

Diese Ausweitung des Erdgasverbrauches auch schon vor der Energiekrise, d. h. vor
dem Herbst 1973, ist auf verschiedene Faktoren zurückzuführen. Es sollen zunächst
die Eigenschaften des Erdgases analysiert und mit denen anderer Energieträger verglichen werden. Daraus ergeben sich dann Richtlinien für die zukünftige Verwendung
dieses wertvollen Energieträgers.

Bei diesen Überlegungen soll das Erdöl weitgehend ausgeklammert werden, weil dieses
durch seine enge Verknüpfung mit den Problemen des Kraftfahrzeugverkehrs ein Energieträger mit besonderen Eigenschaften ist, auf die in einer anderen Veröffentlichung
dieser Reihe eingegangen wird.

1 Eigenschaften und Vorkommen

Erdgas besteht - chemisch gesehen - aus einem Gemisch niedriger Kohlenwasserstoffe,
in denen das Methan in den eigentlichen Erdgasvorkommen weitaus überwiegt. Meist
sind auch gewisse Mengen anderer Gase, wie Kohlendioxid, Stickstoff, Schwefelwasser-
stoff, Helium u. a. m. im natürlich vorhandenen Gas enthalten.

Geologisch bzw. erdgeschichtlich gesehen hängt die Entstehung des Erdgases eng mit
der des Erdöles zusammen; die Vorkommen der beiden sind daher oft vergesellschaftet
und örtlich benachbart. In den für die Erdölvorkommem typischen Antiklinalen ist an
der höchsten Stelle meist ein Gaspolster vorhanden, der unter hohem Druck steht. Dieser Druck bewirkt eine beträchtliche Lösung der Gase im Erdöl, die bei der Entspan-
nung des geförderten Erdöles entweichen und ebenfalls gewonnen werden können. Dieses
als "Fördergas" bezeichnete Gemisch enthält beträchtliche Mengen an höheren Kohlenwasserstoffen, wie Äthan, Propan und Butan. Da diese Anteile beim Komprimieren des
Erdgases teilweise auskondensieren, wird ein solches Gas auch als "nasses" Erdgas be-

zeichnet. Die Anteile an höheren Kohlenwasserstoffen stellen nach ihrer Abtrennung ein wertvolles Rohmaterial für die petrochemische Industrie dar. Das Fördergas wird allerdings derzeit an vielen Stellen der Welt, vor allem aber im Nahen Osten, mangels einer Verarbeitungsmöglichkeit durch Abfackeln vernichtet.

Die derzeit bekannten Weltvorräte an Erdgas betragen energiemäßig etwa 65 Mia. t-SKE, sind also größenordnungsmäßig halb so groß wie die an Erdöl. Wenn wir Europa betrachten, so sehen wir größere Vorkommen in Holland und im Bereich der Nordsee, in Südfrankreich, in der Po-Ebene, in Österreich, in Polen, in Ungarn und in Rumänien. Kleinere Vorkommen sind in fast allen Ländern festgestellt worden.

Aus der Umgebung Europas sind die Erdgasvorkommen der UdSSR, Nordafrikas sowie des Nahen und Mittleren Ostens eine potentiell große Lieferquelle für Europa. In diesem Zusammenhang ist auf eine erst seit kurzem bekannte Tatsache hinzuweisen, nämlich auf die Existenz großer Erdgaslager in fester Form. Methan hat die Eigenschaft, bei niederen Temperaturen, also um und unter null Grad Celsius, und höheren Drücken ein festes Hydrat zu bilden. Derartige Bedingungen finden sich in der Natur in den Gegenden des Permafrostes vor, vor allem in Nordsibirien und an den Küsten des arktischen Meeres. Sie werden in letzter Zeit erforscht und bilden ein riesiges Reservoir an Erdgas, von dem allerdings heute noch niemand weiß, wie eine Gewinnung möglich sein wird.

2 Erdgasaustausch-Gase

Erdgas wird, wie das Erdöl, allgemein zu den primären Energieträgern gezählt. Dies ist aber nur bedingt richtig.

Wie in einem anderen Vortrag dieser Reihe über die Vergasung fester Brennstoffe ausgeführt wurde, ist es möglich, Erdgas bzw. ein dem Erdgas äquivalentes Gas, im Englischen als "substitute natural gas", kurz SNG, bezeichnet, herzustellen. Damit ist das Erdgas auch zu einem sekundären Energieträger geworden. Besonders in den Vereinigten Staaten sind derzeit schon eine ganze Reihe von Vergasungsanlagen im Bau. Eine davon in der Nähe von El Paso wird im Endausbau eine Leistung von 6 Milliarden Kubikmeter je Jahr haben, das entspricht einer Leistung von 8,4 GW, eine Zahl, aus der man den Umfang solcher Projekte ersehen kann.

Es ist sicher, daß man sich auch in Europa mit solchen Problemen wird beschäftigen müssen, wobei allerdings zu berücksichtigen ist, daß Europa nicht über so leicht, und daher so billig abbaubare Kohlevorkommen verfügt wie die Vereinigten Staaten von Amerika.

3 Der Transport des Erdgases

Neben der Verfügbarkeit eines Energieträgers stellen auch die Möglichkeiten zu seinem Transport eine wichtige Gegebenheit dar. Gegenüber den festen Brennstoffen haben Erdgas und Erdöl den Vorteil einer einfachen und billigen Transportmöglichkeit in Rohrleitungen, in Pipelines: dies ist sicherlich ein wichtiger Vorteil.

Es zeigt sich jedoch, daß zwischen dem Erdgas und dem Erdöl ein wesentlicher Unterschied bezüglich der Transportmöglichkeiten besteht. Erdöl, konkreter Rohöl, ist kein genau definierter Stoff mit einer bestimmten Qualität, die überall gleich ist. Damit ist beim Erdöltransport zwar die Errichtung einzelner Pipelines, nicht aber die eines Verbundsystems möglich.

Anders liegt die Sachlage beim Erdgas. Hier sind schon frühzeitig, gefördert durch die relativ ähnliche Zusammensetzung der einzelnen Vorkommen, bestimmte Qualitäten genormt worden, die hinsichtlich ihres Heizwertes und ihrer brenntechnischen Eigenschaften festgelegt sind. Es ist daher für einen Bezieher gleichgültig, ob er das von ihm gekaufte oder geförderte Erdgas auch tatsächlich erhält oder ein anderes, äquivalentes. Dies ist aber die Voraussetzung für die Schaffung von nationalen und internationalen Verbundnetzen, wie sie bei der elektrischen Energie schon seit längerer Zeit bestehen.

Beim Erdgas sind wir derzeit in Europa noch in der Aufbauphase solcher Verbundnetze. Ausgehend von den Produktionszentren in Holland, in der Nordsee und in Südfrankreich, von den Übergabepunkten der transkontinentalen Leitungen aus der Sowjetunion sowie von den Importhäfen an den Küsten, bildet sich ein Verbundnetz aus, das die Versorgung weiter Räume Europas sicherstellen wird.

Für diese Leitungsnetze sind zwei Erdgas-Qualitäten genormt :
- die L-Qualität mit einem Heizwert zwischen 8,4 und 8,6 Mcal/m^3 und einer Wobbe-Zahl von 10 500 bis 10 600;
- die H-Qualität mit einem Heizwert von 9,6 bis 10,0 Mcal/m^3 und einer Wobbe-Zahl von 12 500 bis 12 600.

Der Unterschied der beiden Qualitäten liegt in ihrem Inertgasgehalt, der bei der L-Qualität bei 15 und bei der H-Qualität bei nur 2 bis 3 Vol.-% liegt. Die L-Qualität stammt vorwiegend aus den holländischen Vorkommen um Groningen, während die anderen Vorkommen, z. B. auch unsere österreichischen, ebenso wie die Importgase aus Nordafrika und aus der Sowjetunion der H-Qualität entsprechen. Es wäre technisch durchaus möglich, den erhöhten Inertgasgehalt, also den Stickstoff, zu entfernen und damit auch das L-Gas auf die H-Qualität zu bringen. Der dafür erforderliche ökonomische und energetische Aufwand steht jedoch nicht dafür, man nimmt derzeit lieber die Beschränkung in der Austauschbarkeit in Kauf, so daß in Europa eigentlich zwei getrennte Verbundnetze bestehen.

Rohrleitungen sind Transportsysteme, die zunächst nur am festen Land möglich sind. Der Transport von Erdgas über See, z. B. aus Nordafrika oder dem Nahen Osten nach

Europa, ist aber ebenso interessant. Man hat hiefür nach anderen Möglichkeiten gesucht und den Transport von Erdgas in flüssigem, tiefkalten Zustand in Tankschiffen entwickelt. Dies stellte ein schwieriges technisches Problem dar, siedet doch Methan bei Atmosphärendruck bei -162 ^{o}C und weist eine kritische Temperatur von -83 ^{o}C auf. Es war daher erforderlich, hiefür eine spezielle Technologie zu entwickeln. Das Methan wird dabei in mehreren Stufen auf die Verflüssigungstemperatur abgekühlt und flüssig gelagert. Derartige Anlagen sind an den Küsten Nordafrikas, aber auch in Indonesien gebaut worden. Das flüssige Erdgas wird dann in Spezialtankschiffen verladen und in verschiedenen europäischen und japanischen Häfen angelandet, so beispielsweise in Fos-sur-mer bei Marseille, in La Spezia bei Genua, in Barcelona, in Le Havre, in Osaka und einigen anderen Orten. Nach der Wiederverdampfung wird das Gas in die festländischen Rohrnetze eingespeist.

Vergleicht man den Energieverbrauch bzw. die Kosten des Transportes von Erdgas in Rohrleitungen mit denen im tiefkalten Zustand, so ergibt sich eine klare Überlegenheit des Rohrleitungstransportes. Während für den Leitungstransport ein Energieverbrauch von etwa 5 bis 10 % je 1000 km auftritt, sind für die Verflüssigung des Erdgases allein etwa 15 bis 20 % erforderlich. Daneben sind auch die Investitionen für die Verflüssigungs- und die Wiederverdampfunganlagen, sowie für die Spezialtanker sehr hoch. Dies alles führt dazu, daß der Transport von flüssigem Erdgas nur über große Entfernungen rentabel ist, also über einige tausend Kilometer.

Für die Lösung des Transportproblems über See ist - bis jetzt allerdings nur theoretisch - eine weitere Alternative eingehend untersucht worden: die Überführung des Erdgases in Methanol. Methanol siedet bei 65 ^{o}C und könnte mit den vorhandenen Rohöltankern befördert werden. Es ist sowohl als Brennstoff als auch als Treibstoffkomponente einsetzbar, allerdings weist es einen Heizwert von nur 5 300 kcal/kg auf, verglichen mit etwa 14 000 kcal/kg des Erdgases und etwa 10 000 kcal/kg des Heizöles, so daß für die gleiche Energiemenge fast die dreifache Gewichtsmenge, verglichen mit flüssigem Erdgas, transportiert werden müßte. Ein freilich noch viel schlimmeres Handicap der Methanol-Alternative ist die Tatsache, daß die Produktion von Methanol aus Erdgas sehr investitionsintensiv ist und noch dazu einen thermischen Wirkungsgrad von weniger als 60 % aufweist. Diese Alternative wird daher, wenn überhaupt, nur bei sehr langen Transportentfernungen, so etwa vom Persischen Golf zur amerikanischen Ostküste oder nach Japan interessant werden.

Auch für das Problem der Vergasung fester Brennstoffe ist das Transportproblem wichtig. Geht man von Kohle als Primärenergieträger aus, so bieten sich der direkte Transport von Kohle auf dem Land- oder dem Wasserweg, sowie die Verstromung als Alternativen zur Vergasung an. Einen Vergleich der thermischen Wirkungsgrade dieser Alternativen zeigt die Abb. 1. Man erkennt, daß energetisch gesehen der direkte Transport von Kohle noch immer den besten energetischen Wirkungsgrad aufweist. Die

Verluste bei der Erzeugung von elektrischer Energie (fast 2/3 der eingesetzten Energie) und bei der Vergasung (etwa 1/3 der eingesetzten Energie) machen diese Alternativen nur in besonderen Fällen attraktiv.

Anders sieht dieser Vergleich allerdings aus, wenn man nicht die energetische Effi-
zienz, sondern die Kosten und die technisch möglichen Kapazitäten als Vergleichsba-
sis heranzieht. Nach einer amerikanischen Studie (Abb. 2) ist der Rohrleitungstrans-
port von Erdgas investitionsmäßig die günstigste Alternative überhaupt für den
Transport von Energie.

Die technisch möglichen Kapazitäten des Energietransportes mit Hilfe von Erdgasleitungen sollen durch einen Vergleich illustriert werden: Die Trans Austria Gasleitung von Baumgarten an der tschechoslowakischen bis nach Arnoldstein an der italie-
nischen Grenze wird im Endausbau eine Transportkapazität von rund 2 Millionen Kubikmeter Erdgas in der Stunde haben; dies entspricht einer Leistung von nicht ganz
24 GW. Im Vergleich dazu transportiert eine moderne 380-kV-Leitung bei Belegung
mit einem Vier-Leiterbündel zwischen 0,5 und 1,5 GW. Diese Dimensionen verschieben
sich aber weiter, wenn man bedenkt, daß in der Sowjetunion schon Erdgasleitungen
mit einem Durchmesser von 1,4 m und einer Leistung von 80 GW in Betrieb und Leitungen mit einem Durchmesser von 2,5 m mit einer Leistung von 300 GW in Planung sind.
Selbst die kühnsten Pläne der Elektrotechniker betreffen heute Ultrahochspannungs-
leitungen mit kaum mehr als 10 GW Leistung.

Auch ein Vergleich mit dem Transport von Brennstoffen, also von Kohle ist interessant. Die Trans Austria Gasleitung mit ihrer Kapazität von 24 GW entspricht einem
Kohletransport von etwa 72 000 Tonnen täglich, also von 72 Zügen zu je 1000 Tonnen,
was einschließlich des Rücktransportes der Leerzüge praktisch der Vollauslastung
einer zweigleisigen Bahnlinie entspricht.

4 Die Lagerung von Erdgas

Für die Beurteilung der Qualitäten eines Energieträgers spielt die Frage der Lage-
rungs- und Speichermöglichkeiten eine wichtige Rolle. Auch hier ergeben sich beim
Erdgas interessante Aspekte. Der Verbrauch des Erdgases ist starken tageszeitlichen
und saisonalen Schwankungen unterworfen. Dies zwingt zu einer entsprechenden Speicherung, da die Kapazitäten der vorhandenen Zulieferungsleitungen nicht für die
Spitzendeckung ausreichen. Hochdruck-Kugelspeicher, wie sie für die Lagerung von
Stadtgas üblich waren, sind nicht nur teuer, sondern auch in ihrer Kapazität sehr
beschränkt; sie können bestenfalls für die Abdeckung der Tagesspitzen verwendet
werden, nicht aber für den Ausgleich der saisonalen Unterschiede. Man hat daher
nach anderen Möglichkeiten gesucht und sie in der Untertagespeicherung gefunden.

Natürliche Speicher ergeben sich in Form von kleineren, bereits erschöpften Erdgaslagerstätten, die durch Einpressen von Gas wieder aufgefüllt werden können. Künstliche Untertagespeicher sind als Kavernenspeicher vor allem in Salzdomen möglich, in denen durch Auslösen mit eingepumptem Wasser entsprechende Hohlräume geschaffen werden. Es ist interessant, diese Möglichkeiten zur Speicherung von Erdgas mit denen von anderen Energieträgern, so z. B. von elektrischer Energie zu vergleichen. Österreichs größtes Speicherkraftwerk, die Sperre Kaunertal, hat eine Kapezität von etwa 300 GWh. Der größte österreichische Erdgasspeicher hat eine Nutzkapazität von etwa 250 Millionen Kubikmeter Erdgas, was einem Energieinhalt von rund 3 TWh oder 3000 GWh entspricht, also eine Zehnerpotenz mehr als der Kaunertalspeicher. Ein Erdgasspeicher mit einer Nutzkapazität von einer Milliarde Kubikmeter Erdgas ist in Planung, d. h. mit einem noch viermal größeren Energieinhalt von rund 12 TWh.

5 Die Verwendung von Erdgas

Das Erdgas ist also ein Energieträger mit besonders interessanten Eigenschaften. Zu den schon genannten könnte man noch einige weitere anfügen, so die Schadstoffarmut der Rauchgase bei seiner Verbrennung, die einfachen Brennerbauarten und andere mehr. Es verbleibt, die Frage zu prüfen, wo der Energieträger Erdgas auf Grund dieser seiner Eigenschaften optimal genutzt werden kann.

Die Bedeutung solcher Überlegungen kann in der heutigen Zeit nicht hoch genug veranschlagt werden: Bei fast jeder Betrachtung von Energieproblemen wird in letzter Zeit auf die Zusammenhänge zwischen dem spezifischen Energieverbrauch eines Landes und dessen Bruttonationalprodukt, d. h. dessen Lebensstandard hingewiesen. Aus diesem Zusammenhang wird abgeleitet, daß ein hoher Lebensstandard nur bei einem hohen Energieeinsatz erreichbar sei. Dieser postulierte Zusammenhang ist sehr vereinfachend, um nicht zu sagen falsch, und er ist sicherlich irreführend: Es ist vielmehr so, daß sich eben reiche Länder die Vergeudung von Energie einfach leisten konnten. Die Vereinigten Staaten von Amerika sind dafür wohl das beste Beispiel. Bedingt durch die bis vor kurzem äußerst niedrigen Energiepreise in diesem Lande hat man dort auf einen sparsamen Einsatz der Energieträger keinen Wert gelegt: So gab es bei fast keiner Feuerung Luftvorwärmer, in den Anlagen der chemischen und der Erdölindustrie kaum Abhitzekessel. Eine der größten amerikanischen Chemiefirmen hat jetzt ein Programm bekanntgegeben, das eine Energieeinsparung von über 20 % im Konzern ermöglichen wird, und das bei gleicher Produktion und ohne den Einsatz von neuen Technologien.

Sicherlich können in allen Bereichen noch wesentliche Einsparungen erreicht werden: In Zukunft wird es das Zeichen eines technologisch fortschrittlichen Landes sein, einen hohen Lebensstandard bei einem niedrigen Energieverbrauch zu realisieren. Dies wird aber nur durch erhöhten Einsatz von Kapital und durch zielstrebige Forschung und Entwicklung möglich sein.

Das Problem der optimalen Nutzung der Energieträger ist auch aus einem weiteren
Grunde von Bedeutung: Bis etwa dem Ende der sechziger Jahre entsprachen die Preise
der einzelnen Energieträger etwa deren Förderkosten zuzüglich der Transportkosten.
Seither ist durch verschiedene, teils politisch motivierte Eingriffe sowohl der
Förder-, als auch der Verbraucherländer ein vollständiges Chaos eingetreten. Damit
ist aber die normale Funktion des Preises in einer freien Wirtschaft, nämlich die
Regulierung der Nachfrage, also auch der Einsatzgebiete der einzelnen Energieträger,
hinfällig geworden. Aber nicht nur das: da die Nachfrage nach den billigen Energieträgern das verfügbare Angebot übersteigt, der Preis aber niedrig gehalten wird,
ist eine Reglementierung der Aufteilung der verfügbaren Energieträger auf die einzelnen Verbrauchergruppen, also eine Kontingentierung, notwendig geworden. Diese
Kontingentierung muß offensichtlich nach gewissen Gesichtspunkten erfolgen, ist also gleichbedeutend mit einer Festsetzung der optimalen Nutzung der einzelnen Energieträger: Die Konkurrenzsituation zwischen den Energieträgern ist also zu einer
Aufgabenteilung, einer Ergänzung, geworden.

Welchen Stellenwert nimmt nun das Erdgas innerhalb solcher Überlegungen ein? Die
Verwendung des Erdgases in der chemischen Industrie wird ja gerne als Beispiel einer besonders guten Nutzung angeführt. Methan, der Hauptbestandteil des Erdgases,
ist allerdings ein chemisch relativ inerter Stoff. Von den daraus direkt herstell-
baren Verbindungen sind nur einige wenige technisch interessant, wie z. B. Chloro-
form, Tetrachlorkohlenstoff, Schwefelkohlenstoff und Nitromethan. Die hiefür benötigten Mengen an Erdgas sind so gering, daß sie für unsere Überlegungen außer Betracht bleiben können. Neben diesem direkten Einsatz von Erdgas als Rohstoff für
chemische Produkte ist auch die Herstellung von Synthesegas für die Ammoniak- und
Methanolproduktion ein Einsatzgebiet für das Erdgas; es ist allerdings kein spezifi-
sches Einsatzgebiet, denn jeder andere feste, flüssige oder gasförmige Brennstoff,
ja sogar elektrische Energie können ebenso eingesetzt werden. Es handelt sich also
dabei um keine Nutzung des Erdgases als solches, sondern nur um eine der darin enthaltenen Energie. Was das Erdgas als Rohstoff für diese Produkte so anziehend macht,
ist letztlich nichts anderes als sein niedriger Preis. Die Herstellung von Synthesegas ist in entsprechenden Anlagen aus beliebigen Fraktionen des Erdöls möglich, also z. B. aus Benzin, aus Mittelölen, aber auch aus schweren Rückständen. Eventuelle
Gehalte an Verunreinigungen, besonders an Schwefel, in diesen Fraktionen spielen keine Rolle, da das Gas auf jeden Fall vorgereinigt werden muß. Der Einsatz von Erdgas für diese Produkte scheint daher gesamtwirtschaftlich gesehen nicht sinnvoll.

Ein anderes Einsatzgebiet von Erdgas ist die Versorgung der Haushalte, besonders in
städtischen Gebieten. Hier erweisen sich die leichte Handhabbarkeit des Erdgases und
die Schadstofffreiheit der Rauchgase als ein besonderer Vorteil. Wenn wir aber den
Energieverbrauch eines durchschnittlichen städtischen Haushaltes analysieren, so se-

hen wir, daß etwa 80 % dieses Energiebedarfes für die Raumheizung und die Warmwasserbereitung verbraucht werden; diese benötigen ein Temperaturniveau von nur 50 bis
70 °C. Sie wären daher - wie es an vielen Stellen ja schon geschieht - leicht aus
der Abwärme bei der Erzeugung von elektrischem Strom in kalorischen Kraftwerken zu
decken. Auch der Einsatz von Erdgas für die Raumheizung ist also letztlich eine Vergeudung wertvoller Energie. Der energetische Wirkungsgrad einer Raumheizung liegt
zwar bei 80 %, bei der Erstellung einer Exergiebilanz zeigt sich jedoch der wahre
Wirkungsgrad, der bei etwa 17 % liegt.

Letztlich verbleibt die Erzeugung von elektrischer Energie als die energetisch günstigste Verwendung von Erdgas, allerdings unter zwei Voraussetzungen: für die Dek-
kung der Verbrauchsspitzen und unter Ausnutzung der Abwärme dieser Kraftwerke für
die Raumheizung in den Haushalten.

Hier wäre eine Systemanalyse der Verbrauchsstrukturen erforderlich, um die gewünschte Koordination zu bestimmen. Es ist anzunehmen, daß die jahreszeitlichen Schwankungen des Wärme- und des Strombedarfes in den Haushalten etwa parallel gehen, so
daß eine gewisse Koppelung durchaus denkbar wäre. Die einfache Handhabung des Erdgases läßt den Bau ferngesteuerter Heizzentralen, die mit der Stromerzeugung gekop-
pelt sind, für den Einsatz in städtischen Bereichen möglich scheinen.

Die derzeit noch keineswegs erreichte optimale Nutzung der hier aufgezeigten viel-
fältigen Eigenschaften des Erdgases stellt eine vordringliche und interessante Aufgabe für die Zukunft dar.

- 64 -

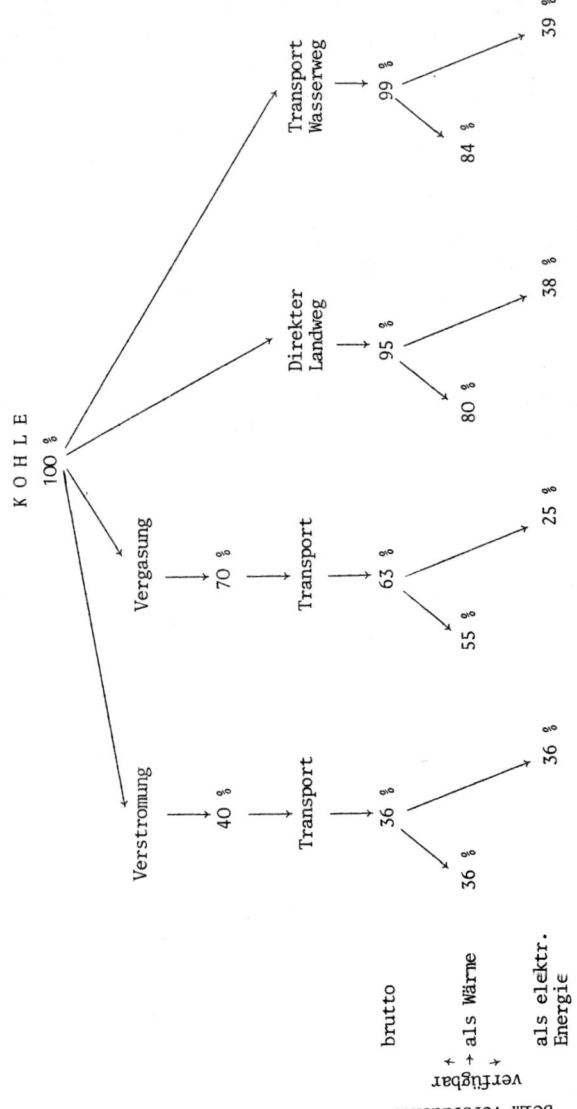

Abb. 1: Transport von Energie auf Kohlebasis

- 65 -

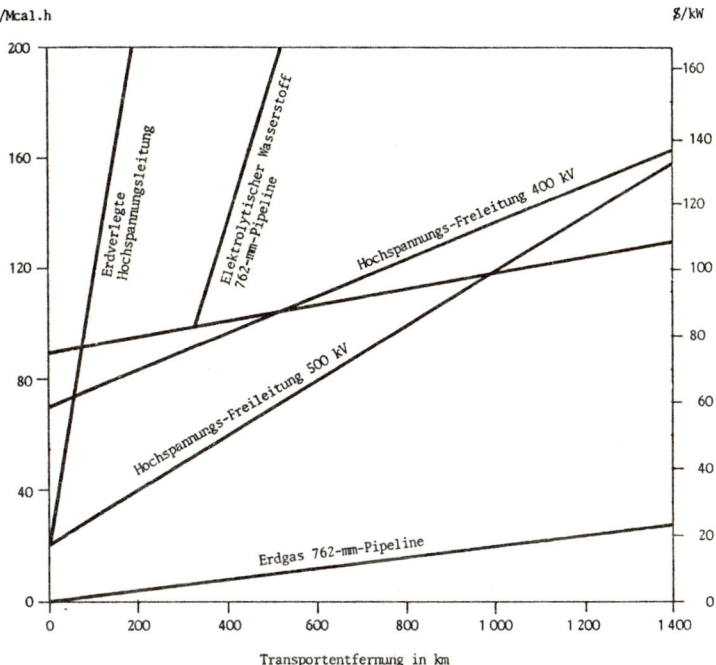

$/Mcal.h

$/kW

Transportentfernung in km

Abb. 2: Investitionskosten verschiedener Energietransportsysteme
(nach H. Linden, GWF-Gas/Erdgas 115 (1974), 25)

DAS ERDÖL UND SEINE PRODUKTE IN DER ENERGIEWIRTSCHAFT

Dr. Hanns Schönfellinger, A. M. B. I. M.

Zivilingenieur für Technische Chemie, Wien

Das Industriezeitalter, in welchem wir heute leben, ist ganz wesentlich auf der Verwendung fossiler Brennstoffe aufgebaut. Kohle und Erdöl sind die bedeutendsten Energieträger. Die Reserven reichen bei Kohle, wenn ältere, etwas hochgegriffene Schätzungen außer Betracht bleiben, unter Annahme eines gleichbleibenden Verbrauches für ca. 300 Jahre und bei Erdöl für ca. 30 Jahre.

Regional gibt es jedoch große Unterschiede zwischen Energieverbrauch und Gewinnung von Energieträgern. Nordamerika, das sind USA und Kanada, hat als Region den größten Verbrauch und auch ein großes Eigenaufkommen. Europa muß mehr als die Hälfte seiner Energie einführen, Hauptlieferant ist der Nahe Osten. Der Verbrauch pro Kopf ist in Nordamerika am größten. Das Gewicht der Ereignisse auf dem Energiesektor in Nordamerika wird dadurch noch vergrößert, daß die zentral geplanten Wirtschaften autark und nach außen wenig wirksam sind.

Die USA sind die Urheimat der Erölindustrie. Um 1860 war Leuchtpetroleum das Hauptprodukt, und rund die Hälfte der Erzeugung der USA gingen in den Export. Heute ist die Erdölindustrie in der ganzen Welt tätig.

Die Aktivitäten der Erölindustrie umfassen folgende Hauptgebiete: Aufsuchen, Aufschließen, Fördern, Transport des Erdöls, Herstellung der Produkte und Transport sowie Vertrieb der Produkte.

Mit Hilfe vorwiegend geophysikalischer Methoden werden Strukturen gesucht, die auf Grund bisheriger Erfahrungen als mögliche Kohlenwasserstoffträger in Frage kommen. Die endgültige Antwort, ob eine Struktur Erdöl bzw. Erdgas enthält, kann jedoch erst nach einer Bohrung gegeben werden. Hier besteht das größte Risiko in der Erdölindustrie. Ist einmal Erdöl in wirtschaftlichen Mengen gefunden, kommt die Förderung besonders im Vergleich zur Kohle nicht mehr so teuer. Die größten bisher bekannten Erdölreserven liegen im Nahen Osten. Weitere, teilweise bereits aufgeschlossene Hoffnungsgebiete liegen in Alaska, in Sibirien und in verschiedenen Festlandsockeln.

Entsprechend dem stark gestreuten Energieverbrauch in der Welt ist auch die Erdölindustrie ungleichmäßig verteilt. Nordamerika steht mit 33 % des Verbrauchs eindeutig an der Spitze. Demgegenüber hat es nur 24,5 % der Raffineriekapazität und 21,6 % der Erdölförderung der Welt. Traditionsgemäß wurden für die Ostküste Erdölprodukte, besonders Heizöl, aus dem karibischen Raum importiert. Praktisch vollkommen abhängig von der Einfuhr von Erdöl und Erdölprodukten ist als Region Westeuropa. Die Raffineriekapazität ist größer als in den USA, der Verbrauch ungefähr ein Viertel des Weltverbrauches, die Förderung jedoch nur rund ein halbes Prozent der Gesamtförderung der Welt. Das benötigte Rohöl kommt vor allem aus dem Mittleren Osten und aus Afrika.

Um diese Mengen Rohöl zu transportieren, ist eine gewaltige Flotte von Tankern notwendig. Tab. 1 zeigt die Entwicklung 1964 - 1973. Die Gesamttonnage der Hochsee-Handelsschiffe steigt und der Anteil der Öltanker nimmt zu. Die Frachtkosten pro Tonne und Kilometer sinken mit wachsender Tankergröße; besonders in den Jahren nach Schließung des Suezkanals war der Trend zu immer größeren Tankern festzustellen. Es gab jedoch in diesem Zusammenhang eine Reihe technischer und wirtschaftlicher Probleme zu lösen. Vor allem sind nur wenige natürliche Häfen für Schiffe mit sehr großem Tiefgang geeignet. Es mußten Be- und Entladeeinrichtungen geschaffen werden, an denen die Tanker zum Laden und Löschen anlegen können. Tankanlagen und Pumpeinrichtungen an Land mußten ausgebaut werden; um verschiedene Häfen, welche nur für Schiffe mit geringem Tiefgang geeignet sind, bedienen zu können, wird Rohöl auch umgeladen. Über Landstrecken wird Flüssigkeit in großen Mengen am besten mittels Rohrleitungen transportiert.

Die "Wirtschaftlichkeit der Größe" gilt sowohl für Tanker und Rohrleitungen als auch für Raffinerien. Die einfachste Type einer Erdölraffinerie zur Erzeugung von Brennstoffen, ist die sogenannte Hydroskimming-Raffinerie (s. Abb. 1). Die wichtigste Verfahrensanlage ist die Primärdestillation, in welcher das Erdöl kontinuierlich fraktioniert wird. Die erhaltenen Fraktionen, die sogenannten Schnitte, können mit Ausnahme des Benzins - vereinfacht dargestellt - nach einer relativ milden Nachbehandlung als Brenn- bzw. Kraftstoff verwendet werden. Um die Oktanzahl des Benzins zu erhöhen, wird Schwerbenzin bei erhöhter Temperatur katalytisch behandelt. Da der verwendete Katalysator schwefelempfindlich ist, muß eine Entschwefelungsanlage vorgeschaltet sein.

Als nächste Raffinerietype ist die Krack-Raffinerie anzuführen (s. Abb. 2). Die Primärdestillation besteht meist aus einem atmosphärischen und einem Vakuum-Teil. In der katalytischen Krackanlage werden aus schweren Destillaten hochoktanige Benzinkomponenten erzeugt, wobei Gase und Krack-Öle anfallen. Wie für alle Ein-Straßen-Anlagen der Verfahrensindustrie gilt auch hier das Prinzip der fallenden Kosten pro Einheit des Durchsatzes mit steigender Größe. Technologisch sind Anlagegrößen bis zu einem Rohöldurchsatz von 10 Millionen Tonnen pro Jahr praktikabel. Es muß aber auch ein entsprechender Markt vorhanden sein, um die Produkte aufzunehmen, so daß in Industrie-Entwicklungsländern bei Neugründungen auch Anlagegrößen von 1 Mio. Tonne pro Jahr und darunter, vorgesehen werden.

Die Produkte müssen nun zu den Verbrauchern bzw. den Letztverteilern gebracht werden. Tankstellen haben im allgemeinen keinen eigenen Gleisanschluß und müssen über die Straße beliefert werden. Wenn größere Mengen von einer Raffinerie zu einem einzigen

Punkt, zum Beispiel einem Verteilungslager, geliefert werden sollen, dann kann auch
Pipeline-Transport angewendet werden. Der Transport über Schiene nimmt eine Zwischen-
stellung ein: Die Kosten pro Tonne und Kilometer liegen unter dem Straßentransport,
die wirtschaftlich sinnvolle Transportkapazität liegt höher als bei Straßentransport
und es können mehr Entladepunkte erreicht werden als mit einer Pipeline. Wo Binnen-
und Küstenschiffahrt möglich ist, liegen die Kosten sehr günstig. Abbildung 3 gibt
eine Übersicht dieser Zusammenhänge.

Bei der Erdölindustrie geht es also nicht nur darum, Rohöl zu finden, sondern auch
die Produkte zu verkaufen und den Weg dazwischen, Transport und Verarbeitung, möglichst kostengünstig zu gestalten.

Die Erdölindustrie umspannt heute die ganze Erde und kann mit ihren vielen Bezie-
hungen und Querverbindungen zu Recht als Weltindustrie bezeichnet werden. Um die
Vielfalt der Ereignisse überblicken zu können, sind eine Reihe von Verallgemeinerun-
gen und Auslegungen von Sachverhalten notwendig. Dies ist zwangsläufig individuell
und die folgenden Ausführungen stellen die persönliche Meinung des Verfassers dar.

Die Entwicklung ist am besten historisch-wirtschaftlich zu verstehen. Politische Ambitionen können erst dann realisiert werden, wenn es die wirtschaftlichen Möglichkeiten zulassen. Wie war es doch bei den ursprünglichen Konzessionsverträgen? Der
Souverän eines Staates einigte sich mit einem Partner zu einem Glücksspiel. Der
Souverän gestattete, auf seinem Territorium nach Erdöl zu suchen und, falls etwas
gefunden wurde, es zu fördern und abzutransportieren. Dafür wäre eine fixe Gebühr
pro Einheit, es wurde fast ausschließlich in Barrels und US-Dollar gerechnet, zu
bezahlen. Als Partner kam nur jemand, ursprünglich Einzelpersonen und später Gesell-
schafts-Firmen, in Frage, der hoffte, zu einem Geschäftserfolg zu kommen. Im allgemeinen handelte es sich um Unternehmen, die bereits in der Branche tätig waren und
die Möglichkeit sahen, ihre Rohölbasis zu erweitern. Zwei Überlegungen scheinen
dafür maßgebend: einmal, daß der Verbrauch von Erdölprodukten laufend zunimmt und
die bekannten Felder im Laufe der Zeit ausgefördert werden, das andere Mal, daß
"neues" Rohöl möglicherweise billiger kommt. Beide Überlegungen trafen für den Nahen Osten zu.

1950 hatten die "Großen Sieben", das sind STANDARD OIL (NJ), ROYAL DUTCH/SHELL,
BRITISH PETROLEUM, GULF OIL, TEXACO, STANDARD OIL OF CALIFORNIA und MOBIL OIL in
der Welt ohne USA, Kanada, UdSSR, Osteuropa und China 85 % der Erdölförderung und
72 % des Raffineriedurchsatzes. Das klassische Marktmodell mit einer Vielzahl von
Anbietern und einer Vielzahl von potentiellen Käufern, die miteinander am Markt konkurrieren, traf nicht zu. Der Erdölpreis wurde nur am Rande durch Angebot und Nachfrage bestimmt, es war in erster Linie ein interner Verrechnungspreis der Internationalen Erdölgesellschaften. Die Länder, in welchen Erdöl gefördert und aus denen

es exportiert wurde, hatten damals kein direktes Interesse am Preis des Erdöls, da
die Zahlungen pro Barrel fixiert waren. Nach dem Zweiten Weltkrieg bemühten sich die
Förderländer um Erhöhung ihres Einkommens aus Erdöl und als erste schloß die ARAMACO
mit Saudiarabien ein "profit-sharing"-Übereinkommen. Es folgten Irak und Kuweit. Der
Gewinn wurde als Differenz zwischen den Förderkosten und einem "posted price" berechnet und zwischen den Förderländern und den Gesellschaften, zuerst einmal 50 : 50,
geteilt. Vor den fünfziger Jahren konnte das Oligopol mit seiner Wettbewerbsdämpfung
ein gewisses Gleichgewicht zwischen Förderung, Raffineriekapazität und Markt halten.
Das Marktpotential stieg laufend, neue Aufsuchungsverträge wurden für die Konzessio-
näre teurer. Die Förderländer wünschten höhere Einnahmen und drängten auf größere
Fördermengen. Als Ergebnis wurde die Konkurrenz auf der Rohöl-Verkaufsseite größer
und die Marktpreise fielen unter die "posted price". Die Erdölfirmen wurden bei den
Regierungen vorstellig, "posted price" den Gegebenheiten des Marktes anzupassen und
zu senken. Die Förderländer sahen sich nicht in der Lage, zuzustimmen, da die Staats-
haushalte überwiegend durch die Erlöse aus dem Erdölgeschäft finanziert wurden.
Trotzdem erniedrigten die Erdölgesellschaften den "posted price" einseitig. Die
Förderländer bildeten, vor allem auf Drängen Venezuelas, das einstmals der größte
Erdölexporteur der Welt war, im September 1960 die Organisation Erdöl exportieren-
der Länder (OPEC).

Erstes Nahziel der OPEC war, die Erdölpreise zu stabilisieren. Der Anteil der "Großen Sieben" an der Förderung und Verarbeitung in der Welt (wieder ohne USA, Kanada,
UdSSR, Osteuropa und China) war 1960 bei nahezu verdreifachtem Umsatz (gegenüber
1950) auf 72 % bei der Förderung und 53 % bei der Verarbeitung zurückgegangen. Von
den verschiedenen unabhängigen und nationalen Erdölgesellschaften gelang es besonders der CFP (Compagnie Française des Pétroles) international Fuß zu fassen. Die
Besitzverhältnisse an den verschiedenen Firmen des Nahen Ostens im Jahre 1966 sind
auf Abb. 4 wiedergegeben. Damals wurden die beteiligten Firmen als Kartell von Mo-
nopolkapitalisten bezeichnet, heute beherrscht ein anderer Zusammenschluß, der sich
gar nicht gerne als Kartell betrachtet sieht, die Öl-Szene der Welt: die OPEC.

Die "Organization of Petroleum Exporting Countries" wurde bei einer Konferenz, die
zwischen Vertretern von Iran, Irak, Kuweit, Saudiarabien und Venezuela vom 10. bis
14. September 1960 in Bagdad stattfand, gegründet. Sie ist eine zwischenstaatliche
Organisation auf Regierungsebene, hat internationalen Status und beschäftigt sich
nicht mit kommerziellen Transaktionen, d. h. bei der OPEC kann man kein Rohöl kau-
fen.

Das Hauptziel der Organisation ist die Koordinierung und Vereinheitlichung der Erd-
ölpolitik der einzelnen Mitgliedsländer und die Festlegung der besten Möglichkeiten
zur Wahrung ihrer Einzel- und Gesamtinteressen. Der Erdölpreis soll stabilisiert

werden und ständig die Interessen der Erdölförderländer gewahrt werden, um ihnen
die laufenden Einnahmen zu sichern, den Erdölverbraucherländern eine wirkungsvolle
wirtschaftliche und regelmäßige Versorgung mit Erdöl zu gewähren und den Investoren
der Erdölindustrie eine faire Verzinsung ihres Kapitals sicherzustellen (Artikel 2
des Statuts). Die anfangs eher schwache Organisation ist im Laufe der Zeit zu einem
der bedeutendsten Faktoren in der Weltpolitik des Erdöls geworden. In den Verhand-
lungen zwischen Regierungen der Förderländer und Privatgesellschaften haben letzte-
re trotz ihrer wirtschaftlichen Stärke und ihres umfassenden know how den kürzeren
gezogen. Den Gesellschaften wurde schrittweise das Verfügungsrecht über das Konzes-
sionsöl entzogen und heutzutage fehlt nicht mehr viel zur Vollverstaatlichung des
Öls in allen OPEC-Ländern.

Die zusammenhaltenden Kräfte der OPEC sind aber doch nicht so stark, daß nicht einzelne Länder etwas verschiedene Wege gehen. In Tab. 2 ist die jeweilige Förderung
der OPEC-Länder 1973 und 1974 zusammengestellt. Es ist zu erkennen, daß rein mengenmäßig Saudiarabien und Iran eine dominierende Stellung einnehmen. Trotz Preiserhöhungen stieg ihre Förderung von 1973 auf 1974. Im Gegensatz dazu steht Lybien, welches als erstes Land für Förderdrosselung bei gleichzeitiger Forderung für höhere
Preise auftrat, mit einem starken Rückgang der Förderung von 1973 auf 1974. Der
Rückgang in Venezuela ist sowohl politisch als auch durch die nahende Erschöpfung
verschiedenen Felder bedingt.

Warum konnte nun die "Waffe Erdöl" 1973 so erfolgreich sein? Beim israelisch-arabi-
schen Krieg 1967 stand sie nicht zur Diskussion und die internationale Solidarität
der Erdölwirtschft funktionierte so gut, daß die Verbraucher in Europa kaum etwas
merkten. Die Fehlmenge von Erdöl und Erdölförderprodukten für Europa konnten aus
dem Westen beschafft werden und es gelang den internationalen Gesellschaften, den
Ausgleich herzustellen. Seitdem hatte sich die Lage in der Welt-Erdölwirtschaft wesentlich geändert. Wenn oben gesagt wurde, daß sich die OPEC wie ein Monopolist verhalten hat, so muß zuerst eine Situation gegeben sein, welche dieses Monopol bzw.
Quasi-Monopol ermöglicht.

Nach Auffassung des Verfassers sind in Summe die wirtschaftlichen Gegebenheiten und
nicht einzelne politische Ambitionen entscheidend. Der Schlüssel ist vor allem in der
Entwicklung der Erdölwirtschaft der USA zu suchen: Bis 1967/68 konnte der Zuwachs des
Verbrauches durch Erhöhung der eigenen Förderung gedeckt werden. Die Importe blieben annähernd gleich und stammten vor allem aus dem Karibischen Raum. 1969 begann
sich bereits abzuzeichnen, daß die eigene Erdölförderung der USA nicht mehr aus-
reicht, um den Verbrauchszuwachs zu decken und seit 1970 ist die Erdölförderung
der USA rückläufig. Käufer für Erdölprodukte traten in zunehmendem Maße in Europa
auf und die Preise für Erdölprodukte auf dem Markt von Rotterdam stiegen an.

In den USA wurde sehr bald erkannt, daß die Abhängigkeit von eingeführtem Rohöl den
außenpolitischen Spielraum einengt.

Es ist interessant, daß das sogenannte "Projekt Unabhängigkeit" der USA schon vor
dem Oktoberkrieg 1973 veröffentlicht wurde. Das Öl-Embargo 1973 hat die USA nicht
am Lebensnerv getroffen, die Preiserhöhungen haben jedoch für die Erdöl importie-
renden Industriestaaten in Westeuropa und auch für Japan gewaltige Zahlungsbilanz-
probleme gebracht. Am ärgsten von den Preiserhöhungen getroffen wurden die an und
für sich unbeteiligten Industrie-Entwicklungsländer ohne eigenes Rohöl.

Das ursprüngliche Projekt von Präsident Nixon sah vor, daß die USA keine Energie im-
portieren müssen und bereits 1985 exportieren können. Die Aussichten, das "Projekt
Unabhängigkeit" zu realisieren, wurden von der Industrie skepisch beurteilt. Umge-
setzt in technische Realität wären laut National Academy of Engineering folgende
Leistungen notwendig gewesen:

Kohleförderung	Verdoppelung
Kernenergie	für 1/3 der Elektrizität
Öl- und Gasförderung	um 1/4 erhöhen
Synthesegas aus Kohle	$55 \cdot 10^6$ t/J
Kohleverflüssigung	$30 \cdot 10^6$ t/J
Schieferöl	$25 \cdot 10^6$ t/J

Die grundsätzlichen Überlegungen zur Energieversorgung der USA treffen auch für Europa zu, nur ist hier die Abhängigkeit von Import-Energie wesentlich größer. Die
Frage nach den Kosten, stellt sich da wie dort. Tab. 3 gibt eine Orientierung über
die entsprechenden Größenordnungen. Erdöl aus dem Nahen Osten ist wesentlich ko-
stengünstiger als Erdöl zum Beispiel aus der Nordsee.

Verständlicherweise bemüht sich die Erdölindustrie, neue Vorkommen bevorzugt in Gebieten zu erschließen, in denen sie keine Enteignung befürchten muß. Ein typisches
Beispiel dafür ist die Nordsee. Sie ist auch ein gutes Beispiel für das hohe Risiko
beim Aufsuchen und Aufschließen von Erdöllagerstätten. Seit Mitte der sechziger
Jahre wurden Aufschließungsbohrungen niedergebracht, von denen aber ein großer
Teil, besonders anfangs, erfolglos blieben. Für den britischen Sektor sind die Zahlen für 1964 bis Ende September 1972 die folgenden:

Bohrungen	43o
davon Aufschließungsbohrungen	209
davon ölfündig	8
davon gasfündig	25
davon in wirtschaftlich nutzbar erklärten Feldern, Öl . .	4
davon in wirtschaftlich nutzbar erklärten Feldern, Gas . .	6

Die Kosten für Bohrungen im britischen Sektor wurden bis 1973 auf $700 . 10^6$ ₺ geschätzt.

Österreich ist in der glücklichen Lage, Erdölfelder im eigenen Land zu haben. Aus ihnen kann derzeit zwar nur weniger als ein Viertel des Bedarfes gedeckt werden, doch liegt dieser Wert weit über dem europäischen Durchschnitt.

Aus Abb. 5 ist zu ersehen, daß Österreich seit 1959/60 auf Import von Erdöl und Erdölprodukte angewiesen ist. Bis 1973 stieg der Verbrauch ziemlich gleichmäßig an. Die Preiserhöhungen für Rohöl 1973 und die Energie-Sparappelle brachten 1974 erstmals einen Rückgang des Verbrauches von Erdölprodukten. Die Struktur des Marktes hat sich kurzfristig nicht stark geändert; Heizöl ist nach wie vor mengenmäßig das wichtigste Produkt, gefolgt von Gasöl als Dieselkraftstoff und Ofenheizöl, und von Fahrbenzin.

Wenn hier Aussagen über die Zukunft gemacht werden, dann mit den üblichen Vorbehalten, daß sich nämlich die Voraussetzungen in der Zwischenzeit nicht wesentlich ändern. Eines ist sicher: Die Zeiten der billigen Energie, das heißt vor allem des billigen Rohöls, sind vorüber. Auch in Österreich werden für Forschung und Entwicklung auf dem Energiesektor größere Anstrengungen als bisher notwendig sein. Selbst wenn diese kurzfristig erfolgreich sein sollten, würde es geraume Zeit dauern, bis sie in einem Maßstab von wirtschaftlicher Bedeutung wirksam werden können. Österreich wird in absehbarer Zeit mit der Abhängigkeit von importierter Energie leben müssen und es bleibt nur die Frage zu lösen, wie dies am besten bewerkstelligt wird. Größere Streuung des Risikos sowohl bei den Lieferländern als auch bei den Energiearten ist sicher angebracht. Durch den Beitritt zur IEA (Internationale Energie Agentur) hat sich Österreich mit den Partnerländern solidarisch erklärt und wird an den Aktivitäten der IEA, vor allem am Krisenmanagement teilnehmen. Binnenwirtschaftlich ist Österreichs Erdölindustrie durchaus in der Lage, ihren Beitrag zur Versorgungssicherheit des Landes zu leisten: die Pipelines für den Erdölimport und die Raffinerie Schwechat haben ausreichende Kapazitäten. Es bleibt die Frage der Bezahlung der Erdölimporte. Praktisch kann der gestiegene Bedarf an Fremdwährungen auf lange Sicht nur dadurch gedeckt werden, daß Österreichs Leistungen, vor allem Export und Fremdenverkehr, zunehmen. Die anderen Alternativen, Verschuldung an das Ausland mit einem Ausverkauf Österreichs oder dramatische Einschränkungen beim Verbrauch von Erdölprodukten sind nicht erstrebenswert.

Literatur

Statistical Yearbook 1973, 25th issue. New York: United Nations, 1974.

EID (Erdöl-Informationsdienst A. M. Stahmer). 28 (1975), Nr. 28, VII, 10. 1. 1975
und 28 (1975), Nr. 32, V, 7. 2. 1975.

OELDORADO. Fortlaufende Jahresstatistiken. Hamburg: Esso AG.

The Economic Basic for the Location of Refineries. Seminar on "International Oil
and the Energy Policies of the Producung and consuming Countries".
Wien, 30. Juni bis 5. Juli 1965.

Penrose, Edith T.: The Large International Firm in Developing Countries.
London: George Allen and Unwin Ltd., 1969.

Kubbah, Abdul Amir: OPEC, Past and Present. Wien: Petro-Economic Research Centre,
September 1974.

Esso Magazin. 1974, H. 1, S. 19.

Erdöl-Informationen. 6 (1975), H. 5, S. 7.

The Oil and Gas Journal. March 4, 1974, S. 21.

US-Energy Prospects. An Engineering viewpoint. Washington D. C.: National
Academy of Engineering, 1974.

Chemical Engineering Progress. 70 (1974), Nr. 8.

Ford, G.: Botschaft über die Lage der Nation (15. Jänner 1975). Nach: The Petroleum Economist, Februar 1975, S. 49 und: Umwelt-report, 1975, H. 3, S. 8.

The Petroleum Economist. Februar 1975. Dort zitiert: P. H. Frankel.

OEL. Juli 1973, S. 198, 199. Und: Februar 1975, S. 38 - 41.

Brennstoffstatistik 1973. Herausgegeben vom Bundeslastverteiler im Auftrag des
Bundesministeriums für Handel, Gewerbe und Industrie.

Jahresberichte des Fachverbandes der Erdölindustrie Österreichs. Laufende Jahrgänge.

Statistisches Handbuch für die Republik Österreich. Herausgegeben vom österreichischen Statistischen Zentralamt. Laufende Jahrgänge.

Jahr	Gesamt	Öltanker	
	Millionen Bruttoregisterronnen (gerundet)		%
1964	153	51	33,0
1965	160	55	34,4
1966	171	60	35,2
1967	182	64	35,3
1968	194	69	35,7
1969	212	77	36,7
1970	227	86	37,9
1971	247	96	38,9
1972	247	105	39,3
1973	290	115	39,9

1 BRT = 2,83 m^3

Tab. 1: Welt-Handelsflotte

| Land | Mitglied seit | Förderung in 10^6 t | |
		1973	1974 *)
Algerien	Juli 1969	51,2	49
Ecuador	Nov. 1973	10,7	10
Gabun	Nov. 1973 Assoc.	7,6	10
Indonesien	1962	66,4	71,5
Iran	Sept. 1960 Gründer	293,9	301
Irak	Sept. 1960 Gründer	99,4	95
Kuweit	Sept. 1960 Gründer	138,3	112
Libyen	1962	104,6	77
Nigeria	Juli 1971	101,3	112
Katar	Jan. 1961	27,5	24,7
Saudi-Arabien	Sept. 1960 Gründer	364,7	412
Abu Dhabi	Nov. 1967	62,5	68
Venezuela	Sept. 1960 Gründer	175,4	156

Zum Vergleich: USA 514,3   494,8

UdSSR 427,3   457

Kanada 100   97

*) vorläufige Zahlen

Tab. 2: OPEC-Länder

	Relative Kosten
Erdöl Naher Osten	1
Kohle Tagbau USA	3 1/2
Kohle Untertagbau	6
Erdöl Nordsee	12
Entölung Teersande	20
Öl aus Ölschiefer	25
Kohle-Vollvergasung	25
Kohleverflüssigung	35

Tab. 3: Relative Kosten

- 77 -

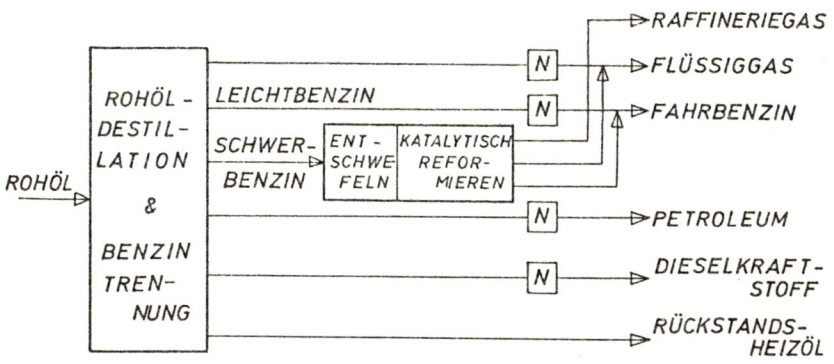

Abb. 1: Hydroskimming-Raffinerie, Übersichtsschema

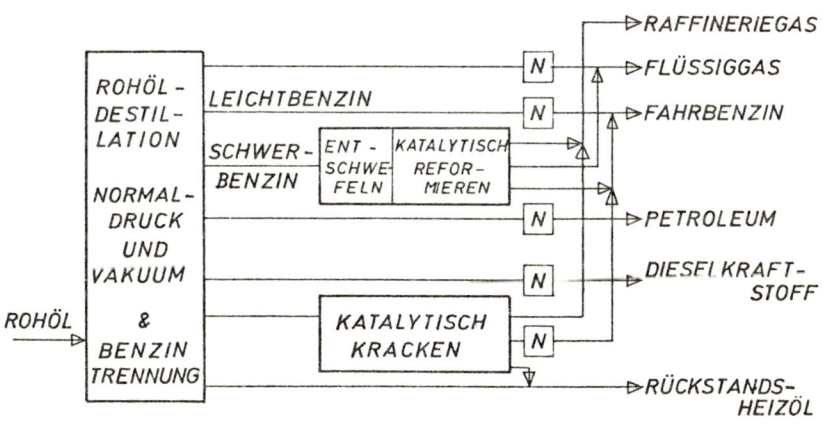

Abb. 2: Krack-Raffinerie, Übersichtsschema

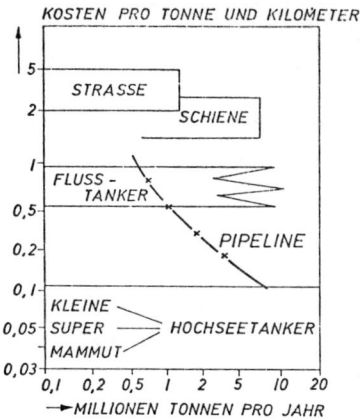

Abb. 3: Kostenvergleich für verschiedene Arten des Flüssigkeitstransportes

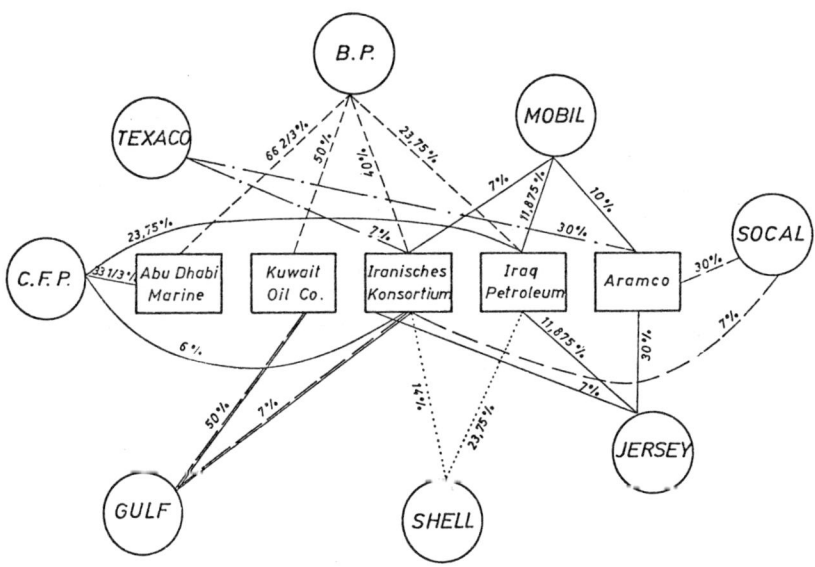

Abb. 4: Besitzverhältnisse zwischen den großen internationalen Gesellschaften
(einschließlich Compagnie Francaise des Pétroles) und den wichtigsten
Erdöl fördernden Gesellschaften im Nahen Osten (nach E. Penrose)

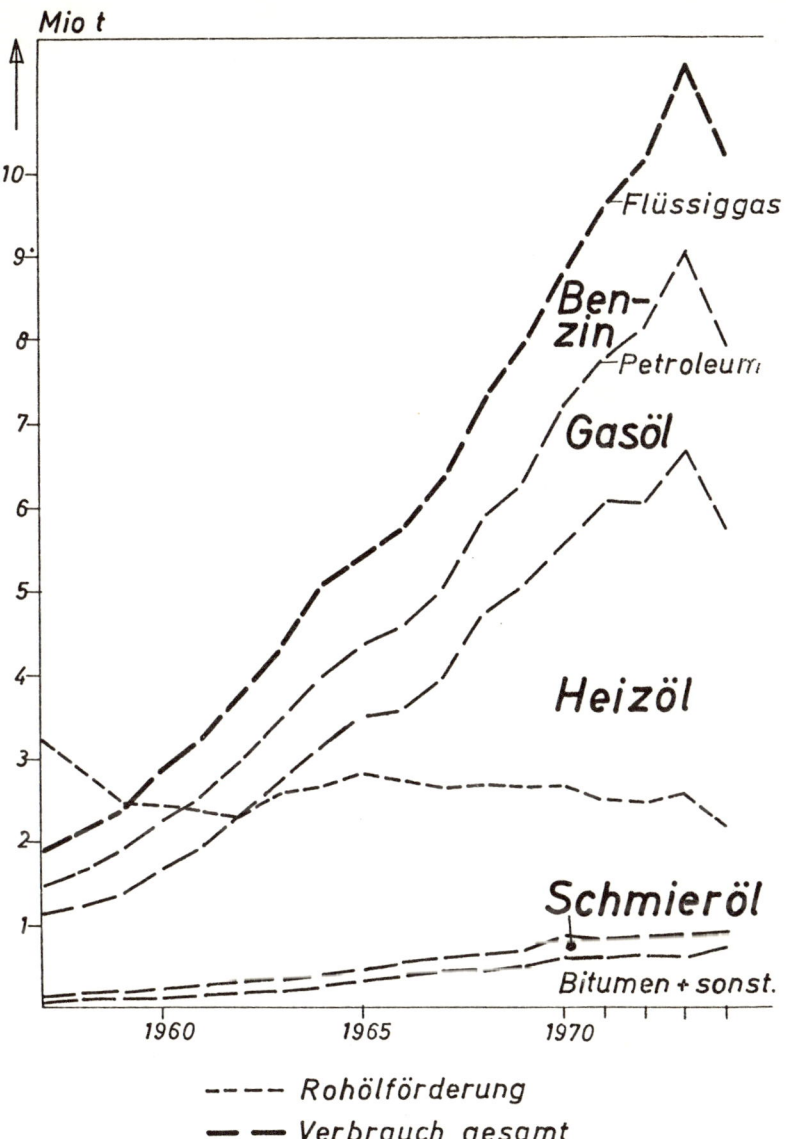

Abb. 5: Erdölförderung und Verbrauch von Erdölprodukten in Österreich.
In dieser Darstellung ist die Summe von Dieselkraftstoff und Ofenheizöl
als Gasöl wiedergegeben. Die Mengen von Petroleum und Flüssiggas fallen praktisch
praktisch in die Strichstärke

DER GEGENWÄRTIGE STAND DER FUSIONS-FORSCHUNG

Univ.-Ass. Dipl.-Ing. Dr. Hannspeter Winter
Leiter der Arbeitsgruppe Plasmaphysik am Institut für Allgemeine
Physik an der TU Wien

1 Einleitung

Während bei der Nutzung fossiler Brennstoffe wie Holz, Kohle und Erdöl prinzipiell
Energie als Folge chemischer Reaktionen auftritt, erscheint die sogenannte Kernenergie als Folge der Masse-Energie-Äquivalenz bei Kernreaktionen in wesentlich höherer
Dichte. Darum und vor allem wegen der viel höheren Schwellenenergien zur Ingangsetzung der maßgeblichen Reaktionen sind die technischen Probleme bei Kernreaktoren
ungleich größer als bei konventionellen Kraftwerken.

Eine sachlich einwandfreie Darstellung des gegenwärtigen Entwicklungsstandes auf
dem Weg zum Bau von Kernfusionsreaktoren wäre nur möglich, wenn einerseits alle ein-
schlägigen Informationen zur Verfügung stünden und andererseits ein bestimmtes Ent-
wicklungsziel klar sichtbar wäre. Ersteres ist auf Grund der dynamischen Entwicklung
und eines gewissen Ausmaßes von Geheimhaltung nicht möglich, letzteres vor allem wegen der weltweit aufgebrochenen Diskussion über die sinnvollen Relationen zwischen
Energieverbrauchs-Entwicklung, Energiereserven und zumutbarer Umweltbelastung nicht
erhältlich.

Es kann also nur versucht werden, auf der Grundlage vorliegender Publikationen und
persönlich gewonnener Informationen den Stand der Entwicklung aufzuzeigen und dabei
aus persönlicher Sicht die Schwierigkeiten, welche sich der Erreichung ebenfalls
subjektiv angenommener Entwicklungsziele in den Weg stellen dürften, darzulegen.

Diese Aufgabe ist deswegen schwierig, weil trotz der unbestreitbaren Vorteile einmal funktionierender Kernfusionsreaktoren auch deren Nachteile, soweit sie jetzt
schon beurteilt werden können, gesehen werden müssen. Insoferne ist der Standpunkt
von Gegnern der Kernspaltungskraftwerke, welche die Kernfusion als Alternative pro-
pagieren, nicht ganz verständlich und kann nur durch Informationsmangel erklärt werden. Außerdem stellen Lobbyisten der Kernfusionsentwicklung bereits erreichte Ziele
häufig etwas zu optimistisch dar, um solcherart die immensen Kosten für die weitere
Entwicklung besser aufbringen zu helfen.

Wie in der folgenden Betrachtung gezeigt werden soll, ist in absehbarer Zeit nicht
damit zu rechnen, daß Kernfusionskraftwerke gegenüber Kernspaltungskraftwerken Vorteile irgendwelcher Art aufweisen. Nur im Sinne einer sehr langfristigen Entwicklung
ist es denkbar, daß "saubere" Kernfusionsreaktionen in Reaktoren nutzbar zu machen
sein werden.

Die Alternative stellt sich derart, daß eine Entwicklung von Kernfusionskraftwerken ohne den Betrieb von Kernspaltungskraftwerken nicht möglich scheint, bzw. daß somit heute der Verzicht auf deren Betrieb in weiterer Zukunft zwingend den Verzicht auf die Vorteile einer "sauberen" Kernfusion bedeutet. Damit richten sich die notwendigen Entscheidungen vor allem an die Wissenschafter und Techniker, mehr noch als bisher zusätzliche Aspekte ihrer Arbeit im Auge zu behalten, sowie an die verantwortlichen Politiker, sich und die Staatsbürger besser zu informieren. Der Vorteil eines primär durch ansteigenden Energieverbrauch vorangetriebenen Lebensstandards verlangt auch die Bereitschaft, damit Hand in Hand gehende Belastungen hinzunehmen, während fehlende Bereitschaft zur Installation von Kernkraftwerken ohne andere Alternativen auch empfindliche Opfer nach sich ziehen muß.

2 Physikalische Grundlagen des Kernfusionsreaktors

2.1 Historische Entwicklung

Bereits in den dreißiger Jahren waren die wesentlichen Kernfusionsreaktionen experimentell gefunden und theoretisch erklärt. Zur gleichen Zeit wurden diese Reaktionen auch als die wesentlichen Energielieferanten der Sterne erkannt. Nach dem Zweiten Weltkrieg begannen die Entwicklungsarbeiten zum Bau der Wasserstoff-Bombe, welche 1952 mit der erfolgreichen Zündung einer derartigen Anordnung kulminierten. Etwa gleichzeitig begann man sich in verschiedenen Ländern ernsthaft mit Entwicklungsarbeiten zur "Zähmung" der Wasserstoff-Bombe, der sogenannten kontrollierten Kernfusion zu beschäftigen. Es wurde schnell erkannt, daß das Ziel nur über heiße Plasmen erreichbar ist, womit die Plasmaforschung einen ungeheuren Aufschwung nahm. Die anfangs geheim gehaltenen Arbeiten wurden 1958 auf der 2. Genfer Konferenz zur friedlichen Nutzung der Atomenergie zum Großteil offengelegt, da erkannt wurde, daß die anfangs sehr optimistischen Schätzungen unberechtigt waren. Etwa um 1965 gerieten die Arbeiten vor allem im Westen ins Stocken und die Geldmittel wurden sehr knapp, bis der große Erfolg der russischen TOKAMAK-Entwicklung einen neuen Auftrieb gab. Die Situation läßt sich nun derart charakterisieren, daß man für die prinzipielle Durchführbarkeit der thermonuklearen Fusion (Energiegleichgewicht zwischen Zufuhr zur Plasmaheizung ohne Magnetfeldaufwand und Abgabe durch Kernfusionsreaktion an Übertragungssysteme) vorsichtig optimistisch sein darf; es sind einige große Anlagen knapp vor der Fertigstellung, mit welchen ziemlich gute Prognosen über den Zeitpunkt der Demonstration der Verwirklichung gegeben werden können.

Auf der anderen Seite ist es keine ausschließlich technische Frage mehr, ab wann mit dem Betrieb von Deuterium-Tritium-Reaktoren gerechnet werden kann, da die Entscheidungen zum Bau derselben große Mittel erfordern; damit ist auch die Lösung einiger heute noch sehr schwierig scheinender technischer Probleme verbunden. Die

Wirtschaftlichkeit von Kernfusionskraftwerken auf der Grundlage der bisher üblicher-
weise herangezogenen Gesichtspunkte wird zweifellos in den nächsten dreißig bis
fünfzig Jahren nicht gegeben sein. Mit dem Betrieb "sauberer" Kernfusionskraftwerke (Ausnutzung von Reaktionen mit geladenen, nicht radioaktiven Endprodukten) ist
nach der Meinung vieler Fachleute in den nächsten hundert Jahren nicht zu rechnen.

Die wesentlichen Träger der Kernfusionsforschung sind neben den USA und der UdSSR
vor allem die großen westlichen Industriestaaten und Japan.

2.2 Prozesse der Kernfusion

Im Gegensatz zur Kernspaltung tritt bei der Kernfusion die Bindungsenergie dadurch
auf, daß leichteste Kerne zu besser gebundenen, schwereren zusammengefügt werden.
Zur Ingangsetzung der Reaktionen sind aber jedenfalls sehr hohe Anfangsenergien der
Kerne notwendig, um die elektrostatische Abstoßung zwischen den Kernen überwinden
zu können. Die folgenden Reaktionen sind bekannt und kommen für Kernfusionsreaktoren
in Frage:

$$D^2 + T^3 \longrightarrow He^4 \ (3,5 \text{ MeV}) + n \ (14,1 \text{ MeV})$$

$$D^2 + D^2 \begin{cases} \longrightarrow He^3 \ (0,8 \text{ MeV}) + n \ (2,5 \text{ MeV}) & \ldots \ D^2 + He^3 \\ \longrightarrow T^3 \ (1 \text{ MeV}) + p \ (3 \text{ MeV}) & \ldots \ D^2 + T^3 \end{cases}$$

$$D + He^3 \ (10^{-4} \text{ \%}) \longrightarrow He^4 + p \qquad\qquad (18,3 \text{ MeV})$$

$$D + Li^6 \ (7,5 \text{ \%}) \longrightarrow 2 \times He^4 \qquad\qquad (22,4 \text{ MeV})$$

$$p + Li^7 \longrightarrow 2 \times He^4 \qquad\qquad (17,4 \text{ MeV})$$

$$p + Li^6 \longrightarrow He^3 + He^4 \qquad\qquad (\ 4,0 \text{ MeV})$$

$$p + B^{11} (80,4 \text{ \%}) \longrightarrow 3 \times He^4 \qquad\qquad (\ 8,7 \text{ MeV})$$

So verlockend die Nutzung der letztgenannten Reaktionen scheint, wird sie doch durch
die wesentlich kleineren Wirkungsquerschnitte gegenüber der beiden erstgenannten erschwert.

Für die Erzeugung der für die nähere Zukunft benötigten Isotope T^3 bzw. He^3 bieten
sich die folgenden Brutreaktionen an:

$$T^3: \qquad n + Li^6 \longrightarrow He^4 \ (2,1 \text{ MeV}) + T^3 \ (2,7 \text{ MeV})$$

$$He^3: \qquad D^2 + D^2 = He^3 + n$$

2.3 Gesichtspunkte für Kernfusions-Reaktionsanordnungen

Um die notwendigen hohen Energien zu erhalten, muß wenigstens einer der Reaktions-
partner ionisiert und beschleunigt werden; bei der Wechselwirkung von schnellen

Ionen mit Materie wird die Ionenenergie im wesentlichen durch elastische und inela-
stische Stöße mit Hüllenelektronen aufgezehrt. Aus diesem Grunde ist es z. B. nicht
möglich, durch Bombardement fester D-T- Targets mit D-Ionen Kernfusionsreaktoren
aufzubauen, da die Beschleunigungsenergie für die Ionen mindestens 10^2 mal größer
sein müßte, als durch Kernfusionsprozesse gewonnen werden könnte.

Eine genauere Analyse ergibt eindeutig, daß nur in einem heißen Plasma Kernfusionsprozesse mit derartiger Häufigkeit auftreten können, daß aussichtsreiche Energiebi-
lanzen resultieren; dies kann erklärt werden, indem berücksichtigt wird, daß im
Plasma bei genügend langer Einschlußzeit der Teilchen thermisches Gleichgewicht
auftritt, d. h. durch elastische Wechselwirkungen zwei Teilchen nur ihre Energie
austauschen, netto also nichts verloren geht; die besonders hochenergetischen
Teilchen des Plasmas können dabei zu Fusionsprozessen führen. Wegen der Verwendung
eines thermischen Plasmas spricht man auch von thermonuklearer Fusion (TNF).

Unter der Voraussetzung, daß durch die Fusionsproduktionen die Aufheizung des Plasmas aufrecht erhalten wird, während die Verluste in Form von Bremsstrahlung auftreten, gelangt man zu einer Mindesttemperatur des Fusionsplasmas, der "Zündtemperatur".

Im Falle der D-D-Reaktion beträgt die Zündtemperatur T_e = 35 keV und die optimale
Temperatur 100 keV; für ein T-D-Fusionsplasma ergibt sich hingegen eine Zündtemperatur von nur 4 keV und eine optimale Temperatur von etwa 10 keV; es folgt daraus,
daß die D-T-Fusion in den Anfängen am ehesten zu verwirklichen sein wird; andere
als die D-D-Reaktionen benötigen noch weit höhere Zündtemperaturen.

Eine eingehendere Analyse der Energiebilanz eines Fusionsplasmas ergibt weitere
notwendige Bedingungen für eine positive Bilanz; derartige Untersuchungen wurden
erstmals von dem englischen Physiker Lawson im Jahre 1957 publiziert. Wenn angenommen wird, daß die aufzubringende Energie für die Heizung eines TNF-Plasmas einer
nutzbaren Energie gegenüber zu stellen ist, welche sich ergibt, indem Fusionsenergie (kinetische Energie der Fusionsprodukte) und Bremsstrahlungsenergie mit je 33 %
(typischer Wirkungsgrad thermischer Konversion) gewonnen werden könnten, folgt ein
notwendiges Kriterium für das Produkt aus Dichte und Einschlußzeit τ der TNF-Plas-
ma-Ionen, das sogenannte Lawson-Kriterium:

D-T-Fusion: $\qquad n \cdot \tau \geqslant 10^{14} \, cm^{-3} \cdot s$

D-D-Fusion: $\qquad n \cdot \tau \geqslant 10^{16} \, cm^{-3} \cdot s$

Dabei wird angenommen, daß sich das Plasma jeweils auf der optimalen Temperatur
aufgeheizt befindet. Das Lawson-Kriterium ist also in etwa eine Aussage darüber,
welche Plasmabedingungen erreicht sein müssen, daß die Energiebilanz gerade ausge-
glichen ist (engl.: sog. 'break even-point'). Bei der Bilanzerstellung werden ver-

- 84 -

einbarungsgemäß andere Energiezufuhrterme wie etwa Energie für die Brennstoffer-
stellung, für Einschlußmagnetfelder, Vakuumpumpen etc. nicht berücksichtigt. Das
Lawson-Kriterium sagt also nicht genug über diejenigen Plasma-Bedingungen aus, bei
denen die Wirtschaftlichkeit eines TNF-Reaktors gegeben ist. Nach neueren Untersuchungen ist aber ausgeglichene Energiebilanz auch schon bei niedrigeren Lawson-
Werten möglich, wenn Hybrid-Reaktorsysteme (Fusion-Spaltung bzw. Brütung) oder
"maßgeschneiderte" nichtthermische Plasmen verwendet werden können.

3 Einschlußsysteme für thermonukleare Plasmen

Für das Studium von TNF-Plasmen ist es notwendig, diese in geeigneten Konfigurationen zu erzeugen, aufzuheizen und währenddessen sowie für eine gewisse Reaktionszeit
möglichst stabil einzuschließen. Im folgenden sollen zuerst die Einschlußmöglichkei-
ten und deren wesentlichste Aspekte, anschließend die möglichen Heizarten und
schließlich die bisher erreichten Werte besprochen werden. Es ist anzumerken, daß
oft Einschlußart und Heizmechanismus so miteinander verkoppelt sind, daß sie nicht
getrennt betrachtet werden können.

3.1 Einschlußarten

Man unterscheidet prinzipiell zwischen magnetischem Einschluß und Trägheitseinschluß. Da ein heißes Plasma nicht mit materiellen Wänden in Kontakt kommen darf,
ist ein mechanischer Einschluß unmöglich. Beim magnetischen Einschluß kann durch
ein Magnetfeld ein Druck auf geladene Teilchen und damit auf Plasmen ausgeübt werden, dem ein Plasmadruck p entgegensteht. Ein Plasma von n = 10^{14} cm^{-3} und
T = 10^8 K erzeugt etwa einen Druck von 1 at, ein Magnetfeld von 50 kG einen magnetischen Druck von p_m = 100 at. Man bezeichnet Konfigurationen, bei denen der magnetische Druck wesentlich höher ist als der Plasmadruck, als sog. niedrig-β-Plasmen
(β ≡ p/p_m ≪ 1), dies gilt z. B. für Stellaratoren und TOKAMAKs sowie für Spiegelma-
schinen, während Konfigurationen mit β-Werten, welche sich 1 nähern, als hoch-β-
Plasmen gelten (z. B. Pinch-Anordnung, siehe später).

Eine magnetische Einschlußkonfiguration kann entweder geschlossen (ringförmige Teilchenbahnen) oder offen (gestreckte Teilchenbahnen) sein; dabei ist zu bemerken, daß
geladene Teilchen grundsätzlich magnetischen Feldlinien folgen, indem sie schrauben-
förmige Bewegungen um dieselben ausführen.

Beim Trägheitseinschluß (LASER-Anordnung, Elektronenstrahl-Anordnung, Explosions-
pinch) ist die Einschlußzeit dadurch gegeben, daß ein Plasma rasch komprimiert wird
und dann entsprechend seiner Trägheit wieder expandiert; man versucht, für einen
Bruchteil dieser Zeit so hohe Dichten und Temperaturen zu erzielen, daß das Lawson-
Kriterium erfüllt werden kann. Bei Trägheitseinschluß-Konfigurationen sind daher

die Einschlußzeiten wesentlich kürzer als bei magnetischem Einschluß, die zu erzielenden Dichten aber wesentlich höher.

3.2 Geschlossene magnetische Einschlußsysteme

Konfigurationen mit geschlossenen ringförmigen Teilchenbahnen sind toroidal. Auf Grund der in Magnetfeldern auf geladene bewegliche Teilchen wirkenden Kräfte dürfen die magnetischen Kraftlinien nicht nach einem Teilchenumlauf in sich selbst geschlossen sein, sondern müssen magnetische Torusflächen bilden. Dadurch gerät ein Teilchen, welches zuerst außen war und von der Mitte wegdriftet, nach einem Umlauf nach innen, und driftet weiterhin in dieselbe Richtung, nun aber nach der Mitte zu (s. Abb.1). Man hat bei toroidalen Konfigurationen mindestens drei Möglichkeiten, solche Topologien zu erreichen.

Beim Stellerator nach Spitzer wird der Torus achterförmig verwunden, bei neueren Stelleratoren wird der Effekt durch geeignet angebrachte Magnetfeldwindungen erzielt und beim TOKAMAK nach Artsimovich schließlich durch Überlagerung eines äußeren Magnetfeldes mit jenem, welches durch einen längs des Plasmas fließenden Strom entsteht.

Die derzeit wichtigsten Anlagen stehen in Princeton/USA und Fontenay-aux-Roses/Frankreich (Abb. 2: Princeton).

Zusammenfassend läßt sich über TOKAMAKs sagen, daß sie derzeit die aussichtsreichste TNF-Konfiguration sind, da sie dem Lawson-Kriterium um mindestens eine Zehnerpotenz näher kommen als irgendeine andere Konfiguration; allerdings besteht noch eine große Schwierigkeit, das Plasma genügend aufzuheizen; siehe Kapitel 3.5.

3.3 Offene magnetische Einschlußsysteme

Die Konfiguration einer "magnetischen Flasche" kann prinzipiell alle Teilchen einschließen, deren Flugbahn so geartet ist, daß sie zur Achse einen bestimmten Mindestwinkel einschließt, während die Teilchen innerhalb des "Verlustkegels" verloren gehen. Der Vorteil dieser sogenannten Spiegelkonfiguration besteht darin, daß das Produkt n . τ von der geometrischen Größe der Anordnung unabhängig ist. Spiegelanordnungen eignen sich also besonders gut zu grundsätzlichen Studien an TNF-Plasmen.

Die zweite wichtige Gruppe der offenen Systeme mit magnetischem Einschluß sind die Pinch-Konfigurationen (Abb.3). Beim sogenannten z-Pinch zieht sich eine Plasmasäule unter dem Einfluß ihres bei Stromdurchfluß entstehenden Eigenmagnetfeldes adiabatisch zusammen und das Plasma wird dadurch aufgeheizt und verdichtet. Diese Konfiguration wird für TNF-Zwecke nicht besonders aussichtsreich gehalten; beim θ-Pinch liegen die Verhältnisse, wie Experimente ergaben, wesentlich günstiger. Hier werden durch entsprechende Magnetfelder Kreisströme induziert, die wiederum zu einer Verdichtung und somit adiabatischen Aufheizung des Plasmas führen. Derartige Plasmen sind hoch-ß-Plasmen und zeigen für TNF-Reaktoren gewisse verlockende Eigenschaften, da sie besonders gute Magnetfeldökonomie aufweisen.

3.4 Systeme mit Trägheitseinschluß

3.4.1 Laser-Fusion

Nach langer Geheimhaltung werden seit 1972 Arbeiten über die Möglichkeit publiziert, durch Einwirkung intensiver LASER-Strahlen auf Kügelchen aus kondensiertem Deuterium bzw. D-T-Gemisch einen Zustand zu erreichen, in dem das Lawson-Kriterium erfüllt ist. Prinzipiell soll folgendes vor sich gehen (siehe Abb.4): Bei Einwirkung von Laser-Strahlen hoher Leistung ($> 10^{11}$ W) wird die Strahlung durch "inverse" Bremsstrahlung absorbiert. Durch die rasche Aufheizung der Randschichten des Targets expandiert das entstehende Plasma schnell und ein Impuls führt zur Kompression des Targetmaterials und zur Ausbildung einer starken Schockwelle; dadurch wird das Target nach innen hin aufgeheizt; Modellrechnungen ergaben, daß die durch Trägheit bestimmten Einschlußzeiten ausreichen können, im Verein mit den erzielbaren Plasmaeigenschften TNF-Reaktionsbedingungen zu erreichen. Die Bauart der Targets ist größtenteils geheim, es werden sowohl Versuche unternommen, bei denen die Kügelchen zentral in von verschiedenen Seiten kommenden Strahlen geheizt werden, als auch solche, wo das Target nur aus einer Richtung bestrahlt wird. Neben D-T-Targets werden auch Glaskügelchen, welche mit D gefüllt sind, untersucht.

Abb. 5 zeigt eine Anordnung, so wie sie gegenwärtig in Livermore/USA gebaut wird; das Target befindet sich in einer Kammer mit ca. 3 m Ø und wird von 12 Strahlen gleichzeitig getroffen, welche von einem Nd-Glas-LASER über Verstärker und Strahlteiler erzeugt werden. Die Anlage soll dazu dienen, die prinzipielle Möglichkeit der LASER-Fusion zu demonstrieren.

3.4.2 Elektronenstrahl-Fusion

Auf ähnliche Weise wie bei der LASER-Fusion wird es auch für möglich erachtet, mit intensiven relativistischen Elektronenstrahlen kleine Targets zur Fusion zu bringen, indem sie aufgeheizt und um bis zu einem Faktor 10^4 verdichtet werden. Vorteilhaft wäre dabei, daß das Magnetfeld zur Fokussierung des Elektronenstrahles zusätzliche einschließende Wirkung haben könnte.

3.5 Andere Einschlußsysteme

Neben dem magnetischen und dem Trägheitseinschluß sind noch zu erwähnen Einschluß durch Plasmarotation

Mikrowellen-Einschluß (nach P. Kapitza)

HF-Einschluß

Stabilisierung durch Rückkopplungssysteme.

3.6 Zusammenstellung der bisher in TNF-Konfigurationen erreichten Ergebnisse

Auf Grund der etwa bis Mitte 1974 publizierten Daten ergeben sich für die aussichtsreichsten TNF-Konfigurationen folgende Daten; es ist festzuhalten, daß alle Plasmen mit einfachem Wasserstoffgas betrieben wurden, mit Ausnahme der LASER-Versuche,
wo D-T-Material verwendet wurde.

Konfiguration	n/cm^{-3}	τ_c/ms	T/keV	$n \cdot \tau_c$
TOKAMAK	$5 \cdot 10^{13}$	25	0,6 ÷ 1 (?)	10^{12}
Spiegel	$5 \cdot 10^{13}$	0,5	6 ÷ 8	$2,5 \cdot 10^{10}$
Pinch	$3 \cdot 10^{16}$	10^{-2}	2 ÷ 3	$3 \cdot 10^{11}$
LASER	10^{20} (?)	10^{-6}	?	10^{11} (?)

4 Technologische Probleme des Kernfusionsreaktors

Obwohl mit dem Beginn der Errichtung der ersten echten Fusionsreaktor-Pilotanlage
(Princeton/USA) erst 1976 begonnen wird, existieren schon seit geraumer Zeit umfangreiche Konzepte über Fusionsreaktoren auf D-T-Basis unter Zugrundelegung der
vier wichtigsten Konfigurationen (TOKAMAK, Spiegel, Pinch, LASER). Diesen Reaktor-
konzepten ist jeweils der grundsätzliche Aufbau gemein (siehe Abb. 6).

Die technischen und technologischen Probleme sind naturgemäß sehr vielfältig und
können daher hier an Hand von Abb.6 nur schlagwortartig behandelt werden.

4.1 Probleme des Fusionsplasmas

In magnetischen Einschlußkonfigurationen muß anfänglich das Plasma aufgebaut werden; dies kann entweder durch eine Gasentladung, durch Plasmoid-Injektion oder
durch Zündung durch LASER-Strahlen erfolgen.

Vor allem während der Aufbauphase des Plasmas treten die größten Probleme auf, da
dann Turbulenzen des Plasmas, Verunreinigungen und Beanspruchungen am größten sind.

Eine derzeit besonders genau untersuchte Gefahrenquelle besteht in der vermuteten
Eigenschaft von TNF-Plasmen, daß sich im Inneren bevorzugt Verunreinigungskerne,
welche von der Innenwand oder von Reaktionsprodukten stammen, ansammeln; dadurch
würden die Bremsstrahlungsverluste in untragbarer Weise erhöht. Grundsätzlich bauen
die Konstruktionen auf der Verwendung sogenannter Divertoren auf, das sind Einrich-

tungen, welche Plasmateilchen jenseits der Separatrix (Trennungslinie der Feldum-
kehrung) in der Abschälzone abziehen sollen und die Verunreinigungen vor der Wie-
derinjektion entfernen müssen. Versuche in dieser Richtung laufen auch über die Verwendung von sogenannten Gas-Mänteln, welche den Transport der Verunreinigungen übernehmen sollen und das heiße Plasma von der Wand eventuell wirkungsvoller abschirmen
könnten.

Schließlich sind die Mikroinstabilitäten noch nicht beherrscht; sie werden häufig
durch Aufheizprozesse induziert und spielen je nach Konfiguration eine unangenehme
Rolle.

4.2 Probleme der Innenwand ("first wall")

Bei einem typischen TOKAMAK-Reaktor von etwa 1000 MW Leistung entsteht an der Innenwand durch Teilchen- und Quantenbombardement thermische Leistung von 100 bis
1000 W/cm^2; diese entsteht zu etwa 70 % infolge Neutronenbombardement, zu etwa 15 %
durch Bombardement von neutralisierten Ionen und Bremsstrahlung und zu etwa 15 %
durch Energie aus dem Mantel infolge Brutreaktionen. Durch das Teilchenbombarde-
ment der Innenwand treten folgende Schäden auf:
Zerstäubung,
Blasenbildung durch in der Wand akkumuliertes Gas mit anschließendem Abblättern
von Flittern,
Schwellung des Materials, Bildung von Mikrohohlräumen (regelmäßig angeordnete Fehl-
stellenakkumulationen),
Strahlenschäden.

Die Zerstäubung durch 14-MeV-Neutronen wird auf etwa 0,2 Atome/Neutron geschätzt,
zusammen mit anderen Zerstäubungseffekten kann auf Abtragungsraten von ca. 1 mm
pro Jahr geschlossen werden. Alle abgetragenen Teilchen geraten sofort in das Fusionsplasma und werden dort vollkommen ionisiert, tragen also zur Erhöhung der Verunreinigung des Plasmas und somit zu größeren Bremsstrahlungsverlusten bei.

Die Probleme der Innenwand sind noch nicht in ihrer vollen Tragweite erkannt; viele
relevante Daten existieren noch nicht, da sie z. T. noch gar nicht gemessen werden
konnten. Z. B. fehlen Anlagen für die Erzeugung von 14-MeV-Neutronenflüssen, wie
sie in Fusionsreaktoren zu erwarten sind.

Es zeigt sich daraus, daß die Anforderungen an das Material der Innenwand sehr hoch
sind, und wahrscheinlich das größte technische Problem in der Erfüllung der folgenden Materialeigenschaften besteht: nichtmagnetisch, chemisch inaktiv, hoher Schmelz-
punkt, Wechselstandfestigkeit, niedriges Atomgewicht, möglichst billig, gering Neu-
tronenabsorption, geringe Nacherhitzung durch induzierte β-Aktivitäten, möglichst
undurchlässig für Tritium.

- 89 -

Als Materialien stehen derzeit in engerer Wahl:

rostfreier Stahl (unmagnetisch);

Niob; Vanadium; Molybdän;

Legierungen derselben mit Titan, Zirkon, Silicium, Kohlenstoff;

Materialien eventuell innen mit Lithium-Film bespülen.

4.3 Probleme des Fusionsreaktor-Mantels ("blanket")

Im Reaktormantel sind mehrere Aufgaben zu erfüllen:
Neutronenmoderierung zwecks Wärmeerzeugung, Neutronenreflexion in den Mantel,
Tritium-Erbrütung für D-T-Systeme, Tritium-Extraktion, Wärmeaustausch an das
Arbeitsmedium, Spaltstofferbrütung bzw. Spaltstoffreaktionen bei Hybridsystemen,
konstruktive Maßnahmen für leichtere Auswechselbarkeit der Innenwand, Abschirmung
der Magnetfelderzeugungszone und des Außenraumes.

Als Moderator kommt in erster Linie wegen der gleichzeitigen T-Brutfunktion Lithium
in flüssiger Form oder als Oxyd bzw. mit Beryllium zur Neutronenmultiplikation in
Frage.

Als Wärmeaustauscher fänden ähnliche Medien wie bei den Hochtemperatur-Spaltreak-
toren Anwendung.

Die Verwendung von Hybridanordnungen stellt zusätzliche Anforderungen, ist aber dazu geeignet, bereits bei Werten unter den vom Lawson-Kriterium geforderten, zu po-
sitiver Energiebilanz zu führen.

4.4 Sonstige technische Probleme

- Fusionsreaktoren auf TOKAMAK-Basis können aus Energiebilanzgründen nur mit supraleitenden Magneten betrieben werden; hier ist noch wesentliche Entwicklungsarbeit
  zu leisten.

- Für die Strahlenschädenuntersuchungen an Materialien für die Innenwand sind entsprechende Neutronen- bzw. Ionenquellen zu entwickeln; für die Neutronenerzeugung
  wird eventuell an die Verwendung von θ-Pinch-Anordnungen gedacht.

- Weiterentwicklung der Energiespeicher (Kondensatorbänke, Schwungräder) für die
  Erzeugung gepulster Entladungen und Magnetfelder.

- Schnelle Hochstromschalter für Pinch-Entladungen mit Schaltungenauigkeitem im
  Nanosekunden-Bereich.

- Entwicklung geeigneter Reaktoren zur Tritiumerzeugung.

- Entwicklungsarbeiten an MHD-Generatoren (Möglichkeit zur besseren Energiekonver-
  sion aus schnellen, geladenen Teilchen).

- Entwicklungen auf dem Gebiet der Hochleistungs-LASER bzw. der intensiven relativistischen Elektronenstrahlen.

- Weiterentwicklungen der intensiven Quellen für positive und negative Ionen zur Neutralteilcheninjektion.

- Materialforschung (Isolatoren).

- Entwicklung schneller Computer-Systeme für die Prozeßsteuerung und Rückkopplungsstabilisierung.

5 Sonstige Aspekte der Energiegewinnung aus Kernfusionsreaktoren

5.1 Zur Frage der Umweltgefährdung

5.1.1 Tritium

Für einen D-T-Fusionsreaktor muß Tritium aus Lithium erbrütet werden und für einen 1000-MW-Reaktor wird Tritium typischerweise in einer Gesamtmenge zwischen 5 und 10 kg (ca. 1 g jeweils im Plasma) benötigt. Tritium ist ein β-Strahler mit einer Halbwertszeit von 12,5 Jahren, somit hat 1 g Tritium eine Aktivität von ca. 10^4 Ci. Ein D-T-Fusionsreaktor enthält also eine beträchtliche Menge an Aktivität, welche bei einer Zerstörung leicht freigesetzt werden kann. Es existieren noch keine ausreichenden Standards über die biologischen Wirkungen von Tritium-Bestrahlung, daher auch noch keine Toleranzdosis-Werte. Die gute Diffusionsfähigkeit von Tritium durch heiße Metalle ist ebenfalls ein großes Problem.

Beim D-D-Prozeß wird ebenfalls Tritium erzeugt, das aber unter Umständen zu 100 % wieder verbrannt werden kann.

Ein spezielles Problem ist durch die weitreichende Tritium-Kontaminierung von Versuchsanlagen und stillgelegten Anlagen gegeben, sowie durch T- Einlagerungen in der Innenwand.

5.1.2 Neutronen induzierte Aktivitäten

In der Innenwand sowie im Mantel werden bei der D-T-Fusion durch Neutronenaktivierung Isotope mit eventuell hoher Aktivität erzeugt. Ein Auswahlkriterium für das Material der Innenwand ist die Aktivierbarkeit. Alle in Frage kommenden Materialien bilden solche Radioisotope. Nach Abschalten eines TNF-Reaktors ist auf Grund dieser Aktivitäten ähnliches Verhalten wie bei Spaltungskraftwerken gegeben, d. h., auch nach vielen Jahrzehnten ist noch hohe Aktivität vorhanden.

Dasselbe gilt für die D-D-Fusion, bei der ebenfalls, wenn auch energieärmere, Neutronen entstehen; selbst bei sogenannten "sauberen" Reaktionen entstehen stets zu einem geringen Teil Neutronen und führen zur Aktivierung. Nicht mehr benützbares

Material aus Reaktorkomponenten muß ähnlich wie "Spaltmüll" sicher abgelagert werden.

5.1.3 Hybridsysteme

Bei der Anwendung von Hybridsystemen (Fusion-Spaltung bzw. Fusion-Brütung) gelten dieselben Gesichtspunkte wie bei entsprechend großen Spaltungskraftwerken bzw. Brütern.

5.2 Zur Frage der Gestehungskosten

Es sind vor allem die Kosten für die supraleitenden Magneten, die Tritiumfüllung und das Material der Innenwand zu betrachten.

Für die D-T-Fusion sind die Li-Vorräte maßgeblich; man rechnet derzeit damit, daß dadurch die Vorräte für D-T-Fusion nur vergleichbar groß sind wie für schnelle Brüter. Für D-D-Fusion und andere Möglichkeiten sind die Aussichten günstiger, die Vorräte fast unbegrenzt. Was Innenwandmaterialien betrifft, so ist sowohl bei Niob als auch bei Beryllium die Situation besonders ungünstig, weshalb diese Metalle sehr teuer und schwer erhältlich sind.

5.3 Betriebskosten

Darüber kann derzeit keine Aussage gemacht werden, es ist aber zu vermuten, daß nach heutigen Gesichtspunkten in absehbarer Zeit nicht mit einer Konkurrenzfähigkeit zu rechnen ist.

5.4 Strategische Fragen

Die Mindestgröße eines TNF-Reaktors beträgt 500 MW$_{th}$ Es wird lange dauern, bis die notwendige Betriebssicherheit erreicht ist, welche von derart großen Einheiten gefordert werden muß. Damit im Zusammenhang stehen auch Gefährdung durch Sabotage und Katastrophen.

6 Stand der Entwicklung, Zusammenfassung

Die Erforschung verschiedener TNF-Konfigurationen ist soweit gediehen, daß in absehbarer Zeit damit gerechnet werden kann, die durch das Lawson-Kriterium geforderten Werte für D-T-Fusion zu erreichen. Die aussichtsreichsten Konfigurationen sind der TOKAMAK und Fusionsanordnungen unter Verwendung hochenergetischer LASER.

Für den Bau von Fusionskraftwerken ist es vor allem notwendig, verschiedene damit im Zusammenhang stehende technologische Probleme zu lösen; zu diesem Zwecke scheint es unumgänglich, Erfahrung im Betrieb mit Kernspaltungskraftwerken und Fusions-

Pilotanlagen zu sammeln. Es ist damit zu rechnen, daß etwa um die Jahrtausendwende eine Fusionsreaktor-Demonstrationsanlage aufgebaut werden kann.

Der Nimbus der erhöhten Umweltfreundlichkeit von Fusionsreaktoren gegenüber Kernspaltungsanlagen und schnellen Brütern wird erst dann gerechtfertigt sein, wenn von der D-T-Fusion über die D-D-Fusion auf sogenannte "saubere" Fusionsreaktionen übergegangen werden kann. Dies wird nach den derzeitigen Aspekten nicht vor etwa 100 Jahren der Fall sein. Es wird von den weiteren Entwicklungen auf dem Bereich der Energiewirtschaft abhängen, wann Fusionskraftwerke unter Berücksichtigung bisheriger und neu anerkannter Gesichtspunkte kostengünstig sein und in großem Maßstab eingesetzt werden.

Literatur

Marmier, P.: Kernphysik II, Vorlesungen ETH Zürich, 1968.

Heckrotte, W. und Hiskes, J. R.: preprint UCLR-73072, Livermore 1971.

Lawson, J. D.: Proc. Phys. Soc. (London), 70 (1957), 6.

Chen, F. F.: Introduction to Plasma Physics. New York: Plenum press 1974.

Werner, R. W. et al.: Fusion Reactor Design Problems. Nuclear Fusion, Special Supplement 1974, S. 171.

Emmett, J. L. et al.: Scientific American, Juni 1974.

Behrisch, R.: Nuclear Fusion. 12 (1972), S. 695.

Kulcinski, G. L.: Nuclear Fusion. 14 (1974), S. 561.

ananym: Physics today. April 1975, S. 101.

Kulcinski, G. L. und Conn, R. W.: Fusion Reaktor Design Problems. Nuclear Fusion, Special Supplement 1974, S. 51.

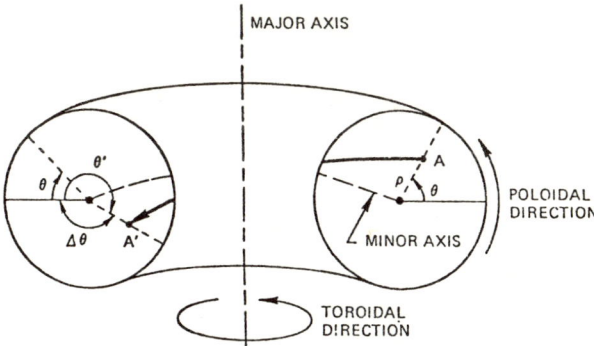

Abb. 1: Toroidales magnetisches Einschlußsystem

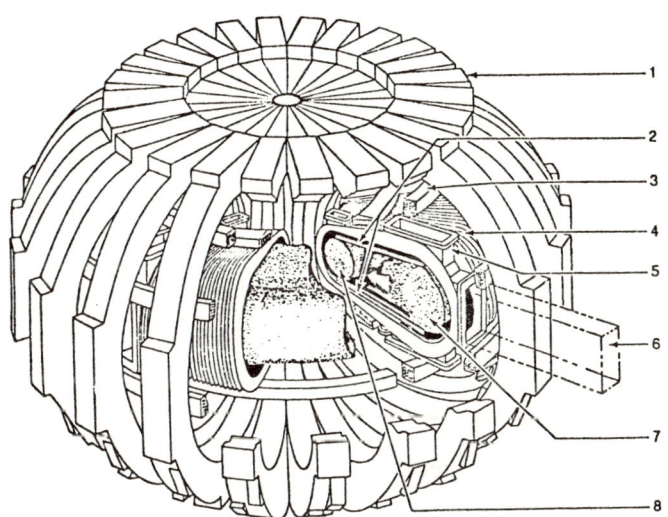

Adiabatic Toroidal Compresser (ATC)

1. Toroidal Field Coils (24)
2. Rail Limiters
3. Poloidal Field Coils
4. Corrugated Stainless Steel Vacuum Chamber
5. Port Cross (One of 6)
6. To Pumps (6)
7. Initial Ohmic-Heated Plasma
8. Compressed Plasma

Abb. 2: Fusionsanlage in Princeton/USA

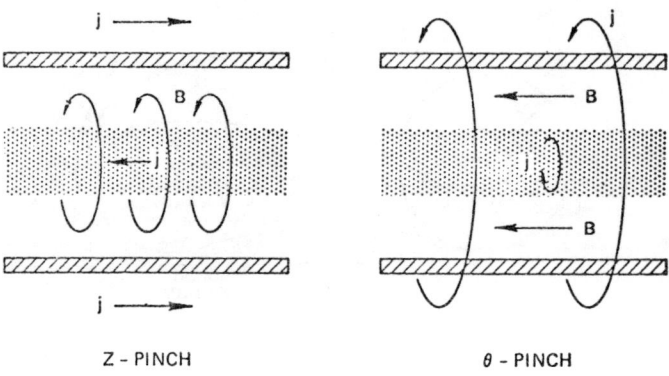

Z - PINCH   θ - PINCH

Abb. 3: Pinch-Konfiguration

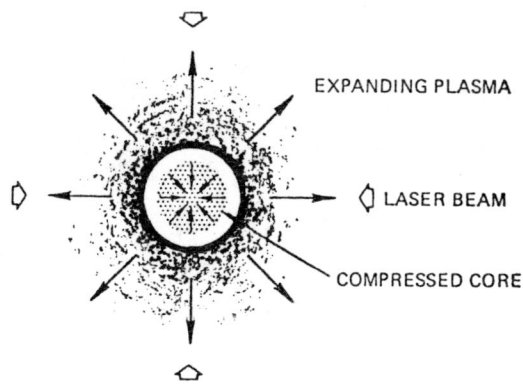

EXPANDING PLASMA

LASER BEAM

COMPRESSED CORE

Abb. 4: LASER-Aufheizung

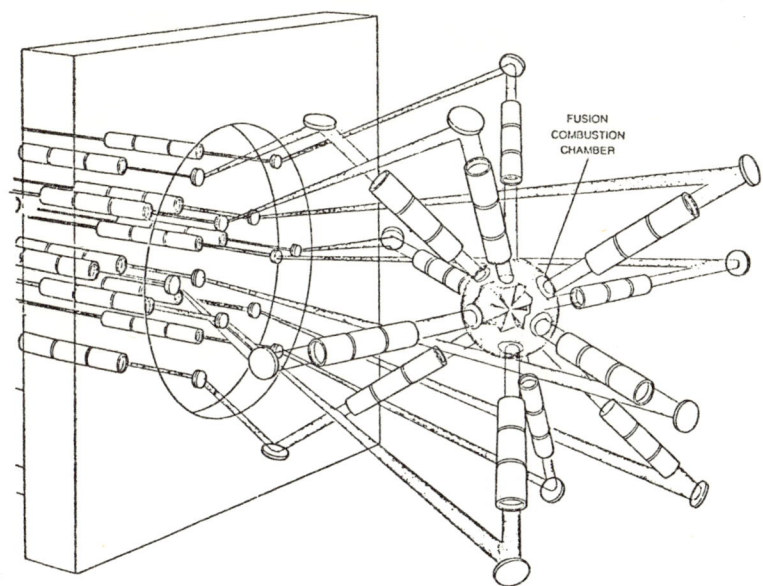

Abb. 5: LASER-Fusionsanlage (Livermore/USA)

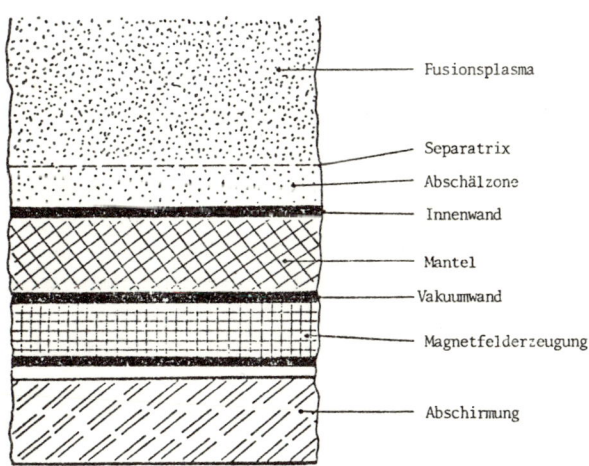

Abb. 6: Problem Fusionsplasma - Wand

FRAGEN DER REAKTORSICHERHEIT IN KERNKRAFTWERKEN

Univ.-Prof. Dr. Erich Tschirf
Leiter der Strahlenschutzabteilung am Atominstitut der österreichischen
Hochschulen, Wien

Im Reaktor eines Kernkraftwerkes werden große Mengen an radioaktiven Stoffen
(Spaltprodukte) produziert, die als potentielle Gefahrenquelle für das Personal
des Kernkraftwerkes bzw. die Bevölkerung in der engeren Umgebung angenommen werden müssen. Um die Größe eines dadurch verbundenen Risikos abschätzen zu können,
sind folgende Problemkreise zu untersuchen:

Mögliche Störfälle und Ausmaß des Austrittes von radioaktiven Stoffen in die Umwelt.

Die durch Strahleneinwirkung zu erwartende Schädigung von betroffenen Personen.

Wahrscheinlichkeit für den Eintritt von bestimmten Ereignissen mit erfaßbarer
Schadensfolge.

1 Radioaktivität, ionisierende Strahlung und deren Wirkung

Atome heißen radioaktiv, wenn sie in einer Umwandlung unter Abgabe von Strahlung
in andere Nuklide übergehen. In diesem Zusammenhang sind α-, β-, γ- und Neutronenstrahlung zu nennen, wobei eine weitere Einteilung in Teilchen- und elektromagne-
tische Wellenstrahlung möglich ist. Tabelle 1 enthält eine Zusammenstellung der
wichtigsten Strahlenarten und ihrer Eigenschaften.

Die Zahl der Umwandlungen (radioaktive Zerfälle), die in einem radioaktiven Stoff
in der Zeiteinheit auftreten, bezeichnet man als Aktivität dieses Stoffes. Als Einheit der Aktivität benützt man meist die Größe Curie (Ci), wobei 1 Ci = $3,7 \cdot 10^{10}$
Zerfälle/s.

Da durch radioaktiven Zerfall aus der vorhandenen Atommenge dauernd Atome durch
Umwandlung verloren gehen, sinkt die Zahl der unzerfallenen Atome und somit auch
die Aktivität des Stoffes mit der Zeit ab. Dieser Vorgang wird durch den Begriff
"Halbwertszeit" charakterisiert, der angibt, in welcher Zeit die Aktivität einer
Stoffmenge auf die Hälfte abgeklungen ist. Die Halbwertszeit kann entsprechend der
betrachteten radioaktiven Zerfallsreaktion zwischen Bruchteilen von Sekunden und
10^{17} Jahren schwanken.

Merkmal der Strahlung von radioaktiven Substanzen ist, daß ein Großteil der von
der Strahlung an die getroffene Materie abgegebenen Energie zur Ionisation deren
Atome dient (daher auch die Bezeichnung "ionisierende Strahlung"). Dieser Vorgang
hat weitreichende physikalische und chemische Folgen für die Materie. Falls Ionisation im Gewebe von Lebewesen auftritt, sind auch biologische Effekte zu erwarten.

Physikalisch gesehen unterscheiden sich die genannten Strahlenarten auch durch ihre Reichweite beim Durchgang durch Materie. Während α-Teilchen nur Wegstrecken von weniger als 0,1 mm im Gewebe zurücklegen können, beträgt die Reichweite von β-Strahlung dort bis zu über 1 cm. γ-Strahlung dagegen kann starke Schichten auch von Material mit großer Dichte durchdringen. Dieser Umstand spielt eine große Rolle, wenn die Einwirkung der einzelnen Strahlenarten auf den menschlichen Körper untersucht werden soll. Man unterscheidet zwischen einer äußeren Bestrahlung des menschlichen Körpers durch außerhalb gelegene Strahlungsquellen und einer inneren Bestrahlung durch inkorporierte radioaktive Stoffe. Im Falle der äußeren Bestrahlung stellt nur Strahlung größerer Reichweite (β-, γ- und Neutronenstrahlung) ein Gefahrenpotential dar, während die besondere Gefahr der inneren Bestrahlung darin besteht, daß sich je nach ihrer chemischen Beschaffenheit die inkorporierten Radionuklide in gewissen Körperorganen einlagern können (z. B. Jod in der Schilddrüse, Strontium in den Knochen usw.) und so durch Langzeitbestrahlung auch in besonders empfindlichen Organen große Strahlenschäden entstehen.

Bei der Inkorporation spielen vor allem α- und β-Strahler eine große Rolle, da diese Strahlenarten wegen ihrer geringen Reichweite in einem relativ kleinen Volumen ihre gesamte Energie abgeben und damit hohe Ionisationsdichten hervorrufen, wodurch eine besonders große biologische Wirkung entsteht.

Für die Größe des Strahlenschadens sind mehrere Faktoren verantwortlich:
- Die Dosis, das ist die von der Strahlung in der Masseneinheit des betroffenen Organes abgegebene Energie (Maßeinheit 1 rad = 0,01 J/kg).
- Die Strahlenart, da die biologische Schadenswirkung sehr wesentlich von der jeweils auftretenden Ionisationsdichte abhängt. (Dosis und Strahlenart sind durch den Begriff Äquivalentdosis verbunden, dessen Einheit das rem ist. 1 rem ist die Strahlenmenge, die die gleiche biologische Wirkung hat wie 1 rad Photonenstrahlung).
- Die Bestrahlungszeit. Eine bestimmte Äquivalentdosis bewirkt im allgemeinen einen umso größeren Schaden, je kürzer die Zeit war, in der sie aufgenommen wurde.
- Das bestrahlte Organ, wobei blutbildende Organe (rotes Knochenmark) und Gonaden (Keimdrüsen) besonders empfindlich sind, während Haut, Hände und Füße und andere Körperteile wesentlich höheren Strahlenbelastungen ausgesetzt werden können, ohne Schaden zu nehmen.
- Schließlich haben auch noch andere Faktoren wie Lebensalter, Gesundheitszustand, Mitwirken von anderen Schadstoffen u. v. a. eine gewisse Bedeutung.

Auf Grund jahrzehntelanger Erfahrungen im Umgang mit ionisierender Strahlung wurden international geltende Richtlinien für maximal zulässige Strahlungsbelastungen festgelegt, die auch die Grundlage für die österreichische Strahlenschutzgesetzgebung darstellen. Dabei wird unterschieden zwischen der Gruppe von "beruflich strahlenexponierten Personen", denen bei dauernder physikalischer und ärztlicher Überwachung größere Äquivalentdosen zugemutet werden können (z. B. für Ganzkörperbestrahlung 5 rem/Jahr) und der Gesamtbevölkerung, die nur mit 1/30 dieser Werte bestrahlt werden darf.

In diesem Zusammenhang ist es wichtig, auf die natürliche Strahlenbelastung hinzuweisen, der die Menschheit seit ihrem Bestehen ausgesetzt ist.

Wenn daher das Risiko von Strahlenschäden bei der Anwendung kerntechnischer Einrichtungen vernachlässigbar klein bleiben soll , dann muß dafür gesorgt werden, daß nur ein geringer Bruchteil des durch die Schwankung der natürlichen Strahlungsbelastung gegebenen Betrages als Bevölkerungsdosis auftritt und nur ein kleiner Anteil der Bevölkerung von dieser Dosis betroffen wird. Jede Beurteilung einer Strahlengefährdung durch eine Kernspaltungsanlage muß von dieser Maxime ausgehen.

2 Strahlenschutzprobleme beim Betrieb von Reaktoren.

Der derzeit hauptsächlich verwendete Kernbrennstoff U^{235} spaltet sich unter Energieabgabe in radioaktive Spaltprodukte auf, so daß mit der Zeit in den Brennelementen immer größere Mengen an radioaktiven Stoffen angesammelt werden. Da die Radionuklide jedoch auch gleichzeitig wieder zerfallen, stellt sich ein dynamisches Gleichgewicht zwischen der Zahl der neu hinzukommenden und der Zahl der durch radioaktiven Zerfall wieder verschwindenden Atome ein.

Nach längerer Betriebsdauer eines Reaktors muß man mit einer Spaltprodukte-Aktivität von etwa 6 Ci pro Watt der thermischen Leistung rechnen (in einem 2000-MW$_{th}$-Reaktor sind kurze Zeit nach dessen Abschalten etwa 12 . 10^9 Ci enthalten). Diese Aktivität klingt mit der Zeit ab und die meisten Spaltprodukte sind schon nach relativ kurzer Zeit praktisch verschwunden. Es gibt jedoch einige Nuklide, die wegen ihrer großen Halbwertszeit auch noch nach Jahrzehnten nachweisbar sind.

3 Strahlenschutzprobleme bei Normalbetrieb, Strahlenbelastung der Umgebung

In Abb. 1 ist das Schema eines Siedewasserreaktors dargestellt, der als Beispiel für die folgenden Ausführungen dienen soll. Wie schon vorhin gesagt, enthalten die Brennelemente die Spaltprodukte, wobei diese in deren Materialgefüge fest eingebaut sind. Der Brennstoff selbst ist mit einer metallischen Schutzhülle umgeben, die eine weitere Barriere gegenüber dem Austritt von radioaktiven Stoffen in das Kühlmittel darstellt. Durch kleine Lecks diese Schutzhülle kann aber dennoch ein gewisser Anteil (etwa 0,001 %) der angesammelten Radionuklide, haupsächlich in gasförmiger oder flüssiger Form, aus den Brennelementen austreten. Weiters werden zufolge der im Reaktorkern vorhandenen starken Neutronenstrahlung manche im Kühlmittel enthaltenen Stoffe, wie Korrosionsprodukte usw., aktiviert. Ferner besteht immer eine geringe Verunreinigung der Brennelement-Außenseite mit Brennstoff, der unter Neutronenein-

- 99 -

fluß gespaltet wird und so an das Kühlmittel Spaltprodukte abgibt.
Der primäre Kühlkreislauf enthält daher einen gewissen Anteil an radioaktiven Stoffen, die eine Aufarbeitung notwendig machen. In fester Form auftretende Stoffe werden dem Kühlmittel in einer Reinigungsanlage kontinuierlich entzogen und in eine Form überführt, die die sichere Lagerung in einem Abfallager möglich macht. Dabei muß noch berücksichtigt werden, daß an Lecks von Rohrverbindungen, undichten Ventilen usw. radioaktiv kontaminiertes Primärwasser aus dem System austreten kann und ebenfalls aufbereitet werden muß. Diese flüssigen Abfälle werden durch Filterung, Eindampfen, Ionenaustausch und andere Methoden so aufgearbeitet, daß die radioaktiven Substanzen in konzentrierter Form vorliegen und das Wasser selbst weitgehend gereinigt ist. Lediglich schwach aktive Wässer müssen an die Umgebung abgelassen werden, wobei meist eine Verdünnung mit dem Kondensationskühlwasser vorgenommen wird, bevor die Abgabe an den Vorfluter (z. B. Donau) erfolgt. Gasförmige Aktivitäten gelangen zunächst mit dem Frischdampf in die Turbine und dann in den Kondensator. Zusammen mit der Einbruchsluft müssen sie dort aus betriebstechnischen Gründen abgesaugt und auf unschädliche Weise an die Umgebungsluft abgegeben werden, wo das durch Radiolyse im Wasser entstandene Knallgasgemisch mit Hilfe von Katalysatoren kalt zu Wasser rekombiniert. Danach werden die Gase über eine Verzögerungsleitung, ein Aktivkohlebett und schließlich durch Feinfilter an den Schornstein geleitet. Durch diese Maßnahmen klingen die kurzlebigen Aktivitäten noch innerhalb der Anlage ab, bzw. werden gewisse Nuklide überhaupt am Austritt gehindert. Die nun reduzierte, gasförmige Aktivität wird zusammen mit der Gebäudeabluft über den Schornstein an die Umgebung abgegeben. Zusammenfassend zeigt Tab. 2 die Abgabe von radioaktiven Stoffen aus einem großen Kernkraftwerk.

4 Belastung des Betriebspersonals

Das Betriebspersonal des Kernkraftwerkes bzw. Fremdpersonal, das zu Montagearbeiten an den Baukomponenten eingesetzt wird, ist gezwungen, bestimmte Tätigkeiten unmittelbar im Bereich von radioaktiv kontaminierten Rohrleitungen und anderer Anlageteile durchzuführen, wobei Strahlenbelastungen unvermeidlich sind. Bei Reinigungsarbeiten, Brennelementwechsel usw. ist außerdem Körperkontamination mit offenen radioaktiven Stoffen möglich, die unter Umständen zu inneren Bestrahlungen führen kann.

Es muß daher für diesen Personenkreis durch umfangreiche Strahlenschutzmaßnahmen besonders gesorgt werden, um die empfangenen Dosen möglichst gering zu halten. Abb. 2 zeigt als Beispiel die in einem Kernkraftwerk während mehrerer Betriebsjahre aufgenommenen Personendosen. Die mittlere Strahlenbelastung nimmt mit fortschreitender Betriebszeit allgemein zu. Dies hängt zum größten Teil mit der im Lauf der Zeit erfolgenden Vergrößerung des in den Systemen enthaltenen Inventars an aktiven Stoffen zusammen.

5 Störfälle

Während bei Normalbetrieb durch die abgegebenen geringen Aktivitäten keine Gefährdung der Umgebung zu erwarten ist, könnte der Austritt eines größeren Teils der im
Brennstoff enthaltenen radioaktiven Stoffe zu einer beträchtlichen Strahlenbelastung
auch in einem weiteren Umkreis des Werkes führen. Es ist möglich, verschiedene Klassen von derartigen Störfällen zu konstruieren und die damit verbundenen Schadenswirkungen abzuschätzen. An Hand dieser Überlegungen lassen sich aber auch passive
und aktive Sicherheitseinrichtungen einführen, die den Eintritt von ungewollten Ereignissen sehr unwahrscheinlich bzw. ihre eventuellen Auswirkungen so klein wie möglich machen sollen. Im folgenden Abschnitt wird versucht, eine Liste von denkbaren
Störfällen und von zu ihrer Verhinderung vorgesehenen Maßnahmen aufzustellen:
- Erhöhte Ableitung von radioaktiven Gasen und Flüssigkeiten:
  Bei mangelnder Dichtigkeit von Anlageteilen, bei Versagen von Abfallsystemen könnte eine höhere Menge von radioaktiven Stoffen in die Umgebung austreten, als dies
  vorgesehen ist. Dieser Vorgang wird durch die meßtechnische Überwachung aller Austrittsstellen für radioaktive Stoffe bzw. durch automatische Verriegelung der
  Auslässe verhindert. Ferner kommt hier noch ein Meßsystem zur Umgebungsüberwachung
  als Sicherheitsmaßnahme zum Tragen.
- Freisetzung von Spaltprodukten aus dem Brennstoff:
  Gegen den Austritt von Spaltstoffen aus den Brennelementen sind als Barrieren das
  Brennstoffgitter und die Brennelementhülle vorhanden. Gegen einen weiteren Austritt in die Umgebung schützen noch das Druckgefäß und der doppelte Sicherheitsbehälter. Erst bei Versagen aller dieser Barrieren könnten radioaktive Gase oder
  Dämpfe in die Umgebungsluft des Kernkraftwerkes gelangen.
- Störfälle bei Brennelement-Wechsel und -Verladung:
  Diese sind durch technische Maßnahmen und Einrichtungen, wie spezielle Transportbehälter, ferngesteuerte Hantiergeräte usw. weitgehend auszuschließen.
- Kernschmelze:
  Während die bisher genannten Störfälle im schlimmsten Fall zu einer Erhöhung der
  Umgebungsaktivität führen könnten, die sicher keinen größeren Personenschaden bewirkt, besteht die größte Gefahr durch das Eintreten der Kernschmelze.
  Die von den in den Brennelementen enthaltenen radioaktiven Stoffen ausgesandte
  Strahlung wird zum Teil im Element selbst wieder absorbiert und bewirkt über einige Zwischenprozesse schließlich die Erwärmung des Elementes. Solange das Primärkühlsystem in Betrieb ist, wird die dabei entstehende Wärme abgeführt. Sollte es
  jedoch durch einen Störfall zum Verlust des Kühlmittels kommen, dann könnten sich
  die Brennelemente soweit aufheizen, daß sie zu schmelzen beginnen und damit große
  Mengen an radioaktiven Stoffen freisetzen würden. Obwohl selbst bei Bruch des
  Druckgefäßes noch immer der Sicherheitsbehälter als Barriere gegenüber der Umwelt

- 101 -

vorhanden wäre, muß durch sorgfältig ausgelegte aktive Sicherheitseinrichtungen
dafür gesorgt werden, daß das Eintreten der Kernschmelze praktisch unmöglich
wird.
Dazu gehört vor allem die periodische Kontrolle des Druckbehälters, der Rohre,
Ventile und anderen Bauteile, des Primärkühlkreislaufes auf mechanische Beschä-
digungen, die einen Bruch meist schon lange vor seinem Eintreten ankündigen. Weiters sind Schnellabschaltsysteme bei Überschreitung der zulässigen Leistung,
Druckabbausysteme bei Ausfallen der Turbine und schließlich Notkühlsysteme für
den Fall eines Kühlmittelverlustes vorhanden. Die Sicherheitssysteme sind in der
Regel mehrfach ausgelegt (redundant), damit bei Ausfallen von einer oder mehrerer
Komponenten immer noch eine sichere Funktion des Systems gewährleistet ist.

Abb. 3 zeigt Häufigkeit und Ausmaß von technisch bedingten Unglücksfällen im Vergleich zu Unfällen mit Kernkraftwerken. Dabei ist der große Abstand zwischen der
Wahrscheinlichkeit für das Auftreten von Unfällen mit konventionellen Einrichtungen
und von Unfällen mit Kernkraftwerken bewerkenswert. Die bisher eingetretenen Störfälle und ihre Folgen unterstreichen diese Erkenntnis. Es kann nachgewiesen werden,
daß durch nukleare Einwirkung von Kernkraftwerken bisher noch keine außenstehenden
Personen zu Schaden gekommen sind. Dieses Ergebnis verdanken wir der gerade hier besonders sorgfältig durchgeführten Sicherheitsplanung im nuklear-technischen Bereich
und es kann als für viele andere Sparten der Technik beispielgebend angeführt
werden.

SYMBOL	STRAHLUNGSBESTANDTEILE	EIGENSCHAFTEN
α	geladene Teilchen He^4-Kerne $m = 6,65 \cdot 10^{-24}$ g	2 positive Elementarteilchen, kinetische Energie entsprechend der Geschwindigkeit
β	geladene Teilchen Elektronen e^- Positronen e^+ $m = 0,91 \cdot 10^{-27}$ g	1 negative oder 1 positive Elementarladung, kinetische Energie entsprechend der Geschwindigkeit
γ	Wellenstrahlung Photonen keine Masse	keine Ladung, Energie entsprechend Frequenz f $E = f \cdot h$ $h = 6,635 \cdot 10^{-34}$ Js
n_0^1	neutrale Teilchen Neutronen $m = 1,68 \cdot 10^{-24}$ g	keine Ladung, kinetische Energie entsprechend der Geschwindigkeit

Tabelle 1: Verschiedene Strahlenarten

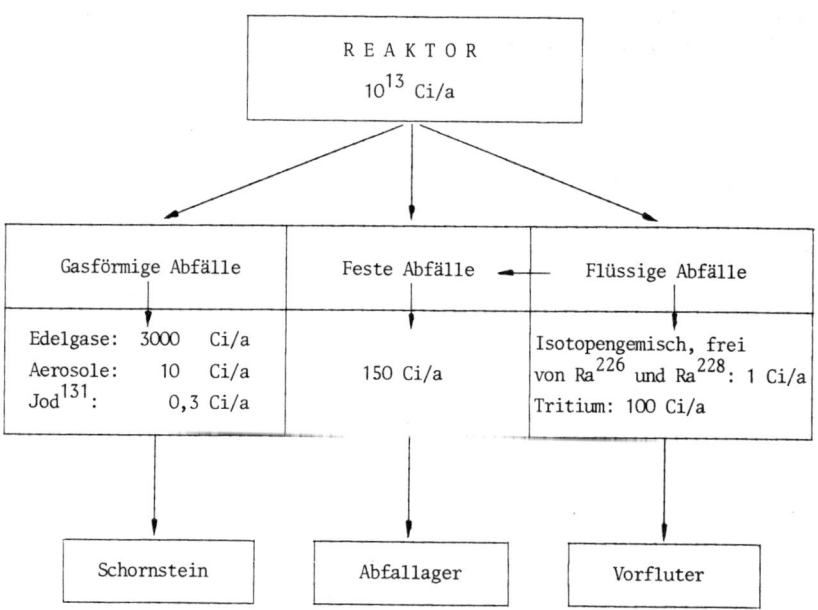

Tabelle 2: Freisetzung von radioaktiven Stoffen aus einem 700-MW-Kernkraftwerk

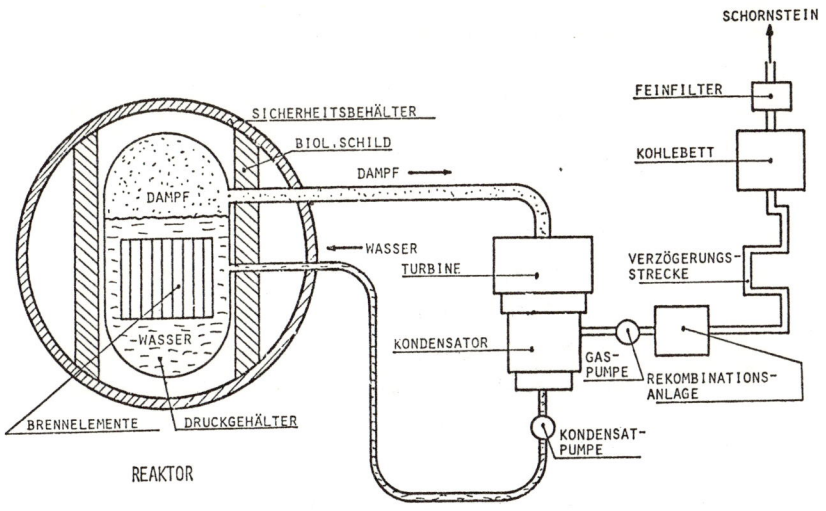

Abb. 1: Schema eines Siedewasserreaktors und der Ableitung radioaktiver
Gase bei Normalbetrieb

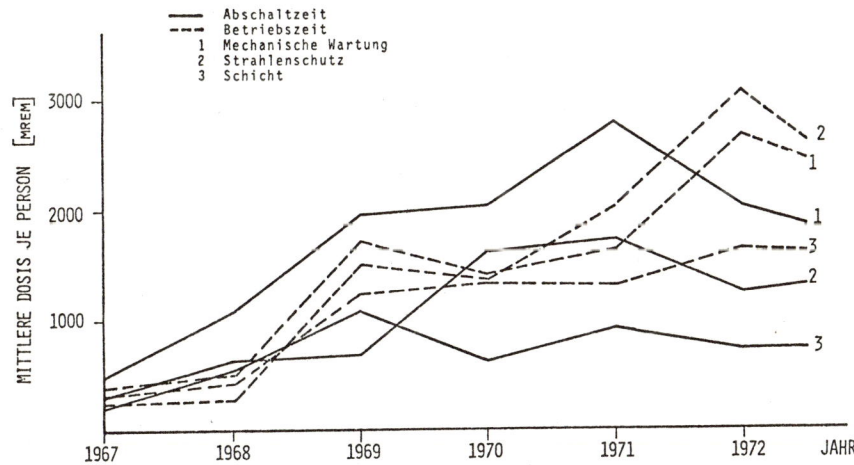

Abb. 2: Strahlen-Belastung von Personen, die in einem Kraftwerk tätig sind

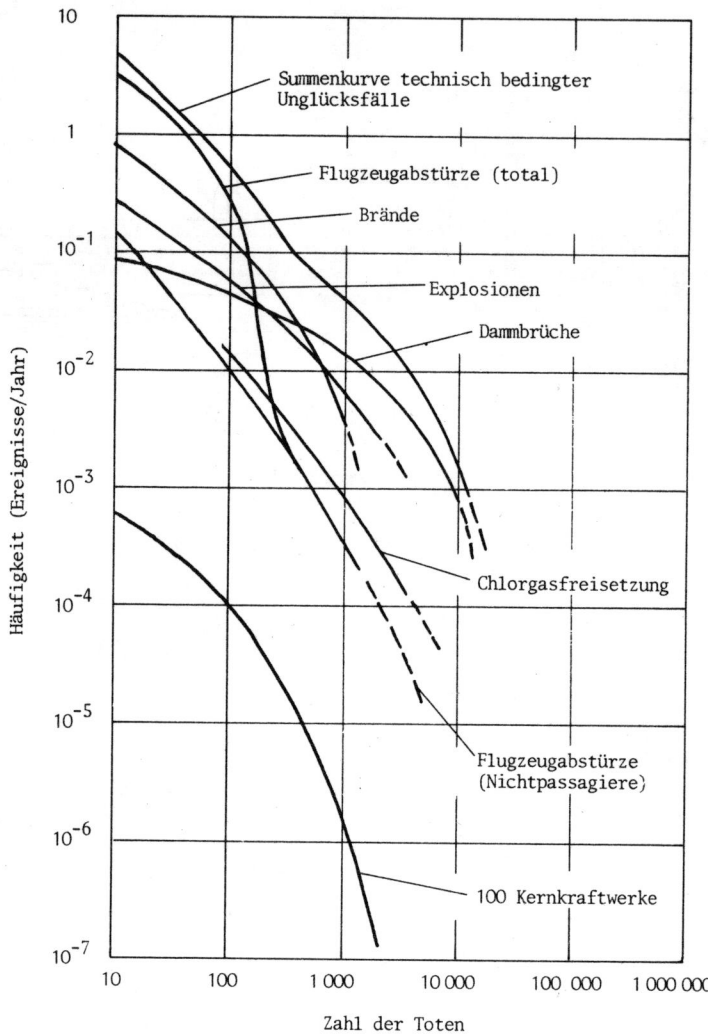

Abb. 3: Häufigkeit und Ausmaß von technisch bedingten Unfällen
(Nach: WASH 1400 - report U.S.A.E.C.)

MÖGLICHKEITEN ZUR ANWENDUNG DER SOLARENERGIE

Univ.-Doz. Dr. Friedrich Rüdenauer

Österreichische Studiengesellschaft für Atomenergie

Institut für Allgemeine Physik an der TU Wien

unter Mitarbeit von:

Univ.-Ass. Dipl.-Ing. Dr. Peter Braun

Leiter der Arbeitsgruppe für Oberflächenphysik am Institut für Allgemeine Physik an der TU Wien

Univ.-Doz. Dr. Rudolf Dobrozemsky

Österreichische Studiengesellschaft für Atomenergie

Institut für Allgemeine Physik an der TU Wien

Univ.-Prof. Dr. Franz P. Viehböck

Vorstand des Institutes für Allgemeine Physik an der TU Wien

1 Einleitung

Die vergangene Energiekrise hat gezeigt, daß ein Land umso weniger anfällig für plötzlich auftretende Energieverknappungen ist, je mehr es seinen Energiehaushalt aus eigenen Vorkommen decken kann und je mehr verschiedenartige Energieträger zur Verfügung stehen.

Wenn auch die erwähnte Krise nicht so akut geworden ist, wie ursprünglich befürchtet, so ist doch den in letzter Zeit geführten Diskussionen zu entnehmen, daß die meisten der gegenwärtig verbreiteten Primärenergieträger in absehbarer Zukunft weitgehend erschöpft sein werden.

Eine Energieform, die unabhängig von politischen Krisen, absolut umweltfreundlich und dem Letztverbraucher zum großen Teil direkt, d. h. ohne Inanspruchnahme eines zusätzlichen Verteilungssystems zur Verfügung steht, ist die Sonnenenergie. Uns ist durchaus bewußt, daß beim gegenwärtigen Stand der Technik die Sonnenenergie die anderen Energieträger nicht vollständig ersetzen kann, sondern zunächst einen Großteil des Wärmeenergiebedarfes der Letztverbraucher decken können wird. Es ist statistisch erwiesen, daß der Wärmeenergiebedarf der größte und auch ein stark expansiver Posten in der Energiebilanz Österreichs ist. Wie gezeigt werden wird, ist die direkte Verwertung der Sonnenenergie, z.B. zur Wärmeversorgung von Häusern heute technisch realisierbar und auch ökonomisch interessant.

2 Quantitative Perspektiven der Sonnenenergie

2.1 Die Sonneneinstrahlung auf die Erde

Die durch Kernverschmelzungsprozesse im Inneren der Sonne freiwerdende Energie wird nach allen Seiten gleichmäßig in den Weltraum abgestrahlt. Die Erde, die die Sonne in ca. 150 Millionen km umkreist, empfängt einen ihrem Querschnitt (Radius = $6,37 . 10^6$ m; bestrahlter Querschnitt = $1,27 . 10^{14}$ m^2) entsprechenden Anteil dieser Strahlungsleistung, das sind ca. $1,78 . 10^{14}$ kW. Den auf den Quadratmeter bezogenen, am äußeren Rand der Atmosphäre eingestrahlten Teil dieser Leistung nennt man die "extraterrestrische Solarkonstante" S_o. Sie beträgt:

$$S_o = 1,37 \text{ kW/m}^2.$$

Von dieser am oberen Rand der Atmosphäre ankommenden Leistung werden reflektiert:

von der Atmosphäre	6 %
von den Wolken	24 %
vom Boden	6 %
insgesamt	36 %

und absorbiert:

von der Atmosphäre	17 %
von der Erdoberfläche	47 %
insgesamt	64 %

Die absorbierten 64 % der eingestrahlten Leistung werden aus Gründen des thermodynamischen Gleichgewichtes fast zur Gänze in Form von langwelliger Wärmestrahlung wieder in den Weltraum emittiert. Ein verschwindender Anteil davon steht kontinuierlich zur Verfügung (z. B. Wasserkraft) oder wird über geologisch längere Zeiträume akkumuliert (z. B. in Form von fossilen Brennstoffen wie Kohle, Mineralöl usw.). Uns interessiert in diesem Zusammenhang zunächst die an einem wolkenlosen Tag senkrecht zur Einstrahlungsrichtung an der Erdoberfläche ankommende Leistung. Diese "terrestrische" Solarkonstante S_T beträgt nach dem oben Gesagten am Äquator etwa 77 % der Solarkonstanten S_o, also

$$S_T = 1,05 \text{ kW/m}^2.$$

Die mittlere terrestrische Solarkonstante $\overline{S}$ beträgt für die geographische Breite Wiens:

$$\overline{S} = 0,712 \text{ kW/m}^2 = 3,07 . 10^4 \text{ kJ/m}^2.\text{Tag} = 8,52 \text{ kWh/m}^2 \text{ Tag}$$

Dieser Mittelwert schwankt zwischen 4,18 kWh/m^2.Tag im Winter und 15,1 kWh/m^2.Tag im Sommer.

Die auf den Quadratmeter bei Sonnenschein senkrecht zur Einfallsrichtung in 48 ^{o} Breite auftreffende Sonnenenergie W_o beträgt somit

$$W_o = 3,12 \text{ MWh/m}^2.\text{Jahr} .$$

2.2 Der Einfluß des Wetters in Österreich auf die zugestrahlte Energiemenge

Die im vorigen Abschnitt angegebenen Werte der eingestrahlten Energie pro Tag wurden unter der Voraussetzung von wolkenfreiem Wetter berechnet. Tatsächlich werden in unseren geographischen Breiten aber nur etwa 35 % der maximal möglichen Sonnenscheindauer gemessen. Die an verschiedenen Orten in Österreich gemessenen Sonnenschein-Stunden/Jahr sind in einer umfangreichen Arbeit der Zentralanstalt für Meteorologie und Geodynamik in Wien, Hohe Warte zusammengestellt. In der folgenden Tabelle sind für 3 charakteristische Städte die Sonnenscheindauer (h/Jahr), die im Jahr insgesamt auf den Quadratmeter eingestrahlte Gesamtenergie, sowie die daraus berechnete Leistung, die im Jahresmittel (24 h . 365 Tage) dauernd bei 100 % Konservierungsausbeute aus einem Quadratmeter entzogen werden kann, eingetragen.

	Sonnenscheindauer	Gesamtenergie	mittlere Leistung
Wien	1889 h/Jahr	1,34 MWh/m^2	153 W/m^2
Eisenstadt	1944 h/Jahr	1,38 MWh/m^2	158 W/m^2
Zwettl	1578 h/Jahr	1,12 MWh/m^2	128 W/m^2

3 Möglichkeiten zur technischen Realisierung der Sonnenenergie-Konversion

In diesem Vortrag sollen drei Hauptanwendungsgebiete zur praktischen Verwertung der Sonnenenergie behandelt werden:
a) Heizung und Kühlung von Gebäuden
b) Photosynthetische Verwertung der Sonnenenergie
c) Gewinnung von Elektrizität aus Sonnenenergie

Zahlreiche andere Konversionsverfahren, die theoretisch ebenfalls möglich scheinen, sind jedoch noch in kein konkretes Planungsstadium getreten, so daß sie hier nicht aufgenommen wurden.

Dabei wird in weitem Umfang, insbesondere in bezug auf die Wirtschaftlichkeitsberechnungen und die F&F-Programmplanung und -Finanzierung auf die Informationen des NSF/NASA-Panels (Dezember 1972) zurückgegriffen. Sämtliche Kostenvergleiche sind also, falls nicht ausdrücklich angegeben, für die Verhältnisse in den USA aus dem Jahre 1972 gültig. Ähnlich umfangreiche Kostenabschätzungen für europäische Verhältnisse sind den Autoren nicht bekannt.

3.1 Heizung und Kühlung von Gebäuden

Einrichtungen zur Heizung und Kühlung von Gebäuden mittels Sonnenenergie bestehen im allgemeinen aus einem "Kollektor", in dem eine Arbeitssubstanz (Luft oder Wasser) durch die Sonneneinstrahlung erhitzt wird. Die gewonnene Wärmeenergie wird meistens in einem isolierten Tank gespeichert und eine konventionelle Zusatzenergieversorgung tritt in Aktion, falls die Sonneneinstrahlung zu gering ist, um den Verbrauch zu decken. Zu Heizzwecken wird das Wärmeübertragungsmedium (Wasser) durch Radiatoren in die zu beheizenden Räume gepumpt, zu Kühlzwecken kann mit dem erhitzten Übertragungsmedium eine Klimaanlage vom Absorbertyp betrieben werden.

Das Kernstück einer solchen Anlage ist der Sonnenkollektor. Im einfachsten Fall (Abb. 1) besteht dieser aus einem geschwärzten Absorberblech, das von der durch 1 - 2 Glasplatten einfallenden Sonnenstrahlung erwärmt wird. Das durch eine mit dem Absorber in gutem thermischen Kontakt stehende Kühlschlange geleitete Wasser kann in solchen einfachen Kollektoren auf Temperaturen zwischen 35 ^{o}C und 95 ^{o}C gebracht werden. Ein solcher "Flachkollektor" wird meistens in einer fixen Orientierung (Süden) und fixen Neigung montiert, der Sonnenbahn also nicht nachgeführt. Die Vorteile eines solchen nichtfokussierenden Kollektors sind die geringen Kosten sowie die Tatsache, daß an sonnenscheinlosen Tagen das diffuse Sonnenlicht (bei leichter Bewölkung bis zu 20 % der direkten Strahlungsenergie) verwertet werden kann.

Der Wirkungsgrad eines solchen mit einem "nichtselektiven" schwarzen Absorber (Absorptivität : Emissivität = 1) versehenen Flachkollektors hängt von seiner Temperaturdifferenz gegenüber der Umgebung ab. Obwohl die Rückseite des Kollektors gut gegen die Umgebung wärmeisoliert werden kann, geht doch ein beträchtlicher Anteil der absorbierten Energie durch die transparente Abdeckung nach vorne durch Konvektion und Strahlung verloren. Den Strahlungsanteil der Energieverluste eines Flachkollektors kann man durch sogenannte "selektive" Absorberflächen verringern. Eine Oberfläche bezeichnet man als "selektiv" in bezug auf ihr Strahlungsverhalten, wenn sie im Infraroten eine niedrigere Emissivität ε und im Sichtbaren eine hohe Absorptivität α besitzt. Eine solche Oberfläche wird sich erwärmen, weil sie die Emission von Wärmephotonen verhindert. Die Güte G einer solchen Oberfläche kann angegeben werden als das Verhältnis des Absorptionsvermögens im Ultravioletten und Sichtbaren α und des Emissionsvermögens im Infraroten ε:

$$G = \alpha/\varepsilon.$$

Diese besonderen spektralen Eigenschaften der Kollektoroberfläche können mit der heute zur Verfügung stehenden Technologie im Prinzip auf zwei Arten verwirklicht werden. Die erste Art basiert auf dem Prinzip des Interferenzfilters, speziell auf Interferenzen in Metall-Dielektrikum-Vielschichtsystemen. Wenn man ein System aus genügend vielen Schichten zuläßt, kann beinahe jede gewünschte Spektralcharakteristik auf diese Weise erzeugt werden.

Die zweite Methode wurde am Optical Sciences Center der Universität von Arizona bis zur Prototypreife entwickelt. Die zweifache Funktion der Oberfläche, hohe Absorption im Band des Sonnenspektrums und niedriges Emissionsvermögen im Infrarot,

wird von zwei verschiedenen Materialien übernommen. Das hohe Infrarot-Reflexions-
vermögen der Edelmetall-Grundschicht (Au) unterdrückt die Emission in diesem
Wellenlängenbereich, während ein dünner, über dem Reflektor aufgebrachter Halblei-
terfilm die einfallende Strahlung infolge seiner in diesem Bereich hohen innewoh-
nenden Absorption absorbiert.

Abb. 2 vergleicht den Wirkungsgrad eines nichtselektiven (schwarzen) mit dem eines
selektiven Kollektors, jeweils mit einer Doppelglasabdeckung. Man erkennt, daß die
beiden Ausführungsformen sich bei niedrigen Absorbertemperaturen wenig unterscheiden, da in diesem Temperaturbereich der Hauptverlustmechanismus die weitgehend
oberflächenunabhängige Konvektion (und Wärmeleitung) ist. Bei höheren Absorbertemperaturen, bei denen die Wärmestrahlung den dominierenden Verlustmechanismus
bildet, ist jedoch der Wirkungsgrad des selektiven Kollektors wesentlich höher.

3.1.1 Wärmespeicherung

Die Wärmeversorgung von Gebäuden während längerer sonnenscheinloser Perioden sowie
während der Nachtstunden macht eine Speicherung der während längerer Sonnenschein-
perioden gesammelten Wärmeenergie notwendig.

Die vollständige Deckung des Wärmedefizits im Winter durch Speicherung der im Sommer anfallenden Überschußwärme würde aber unverhältnismäßig hohe Speichervolumina
und Speicherkosten bedingen. Als Faustregel hat sich aus Modellrechnungen für amerikanische Verhältnisse ergeben, daß die wirtschaftliche Speichergröße jene ist,
die eine Speicherung des Wärmebedarfes für einen Zeitraum von 2 - 3 Tagen gestattet.
Für längere sonnenscheinlose Perioden muß daher eine konventionelle Zusatzheizung
in voller Leistungsstärke zur Verfügung stehen. Der Vorteil der Sonnenheizung besteht daher nicht in niedrigen Investitionskosten im Vergleich zu einer konventionellen Heizung, sondern in einer Ersparnis (30 - 70 %) an jährlichen Brennstoffkosten.

Wärme kann in Form von sensibler oder latenter Wärme gespeichert werden. Ein Vergleich der speicherbaren Wärmemengen/Volumseinheit und der Speicherkosten/kWh (siehe folgende Tabelle) zeigt, daß trotz der hohen spezifischen Speicherfähigkeit von
Mischsalzen Wasser noch immer das kostengünstigste Speichermedium darstellt. Bei
erhöhten Speichertemperaturen ist bei Verwendung von Salzlösungen außerdem das Kor-
rosionsproblem noch keineswegs gelöst.

Speichermedium	kWh/m^3	$/kWh
Wasser (ΔT = 40 ^{o}C)	43	-
Fels (ΔT = 40 ^{o}C)	14	0,7
Glaubersalz	95	
$Na_2CO_3 \cdot H_2O$	105	0,4 - 1,0

Dementsprechend wurde auch bei den meisten bisher gebauten sonnenbeheizten Häusern
(siehe z. B. Abb. 3, Standort Washington/D. C.) auch Wasser als Speichermedium
verwendet.

3.1.2 Kühlung mittels Sonnenwärme

Bei der Nutzung der Sonnenenergie zur Kühlung und Klimatisierung von Gebäuden tritt
der bei der Sonnenheizung sonst nicht gegebene Fall ein, daß die Perioden größten
Bedarfs im allgemeinen auch die Perioden größter Sonneneinstrahlung sind. Zwei Ausführungsformen werden diskutiert: Klimaanlagen nach dem Absorberprinzip und solche,
die mit der Arbeitsubstanz einen Rankine-Zyklus durchlaufen. Bei letzterer Ausfüh-
rungsform wird das im Kollektor erwärmte Wasser einem Speicher zugeführt, wo in
einem Wärmetauscher eine Arbeitssubstanz mit niedrigem Siedepunkt verdampft wird.
Dieser Dampf expandiert und treibt dabei eine Turbine, wobei er sich abkühlt und in
einem Kondensator wieder verflüssigt wird. Eine Förderpumpe führt die verflüssigte
Arbeitssubstanz wieder dem Verdampfer zu. Die Turbine treibt über eine mechanische
Kupplung den Kompressorteil einer konventionellen Kompressor-Kühlanlage an. Sowohl
für Absorber- als auch für Rankine-Kühlaggregate werden im Wärmetauscher Temperaturen von mindestens 120 $^{\circ}$C benötigt. Es ist also ersichtlich, daß speziell für
Klimatisierungsaufgaben selektive (oder fokussierende) Kollektoren, mit denen diese Temperaturen erreicht werden können, eingesetzt werden müssen.

3.2 Sonnenheizung in Österreich

Ein wesentlicher Schritt für die Berechnung der Wirtschaftlichkeit ist die Berechnung der notwendigen Kollektor- und Tankgrößen für verschiedenen Bedeckungsgrad des
Wärmebedarfs durch die Sonnenenergie. Es wurden daher für die geographischen und
klimatischen Verhältnisse von Wien Modellrechnungen durchgeführt. Das für unsere
Modellrechnungen zu Grunde gelegte System der Sonnenbeheizung besteht aus folgenden Komponenten:

a) den Kollektoren, das sind strahlungsabsorbierende Flächen, die die absorbierte
   Wärme an ein Wärmeübertragungsmedium (Wasser) abgeben,
b) dem Speichertank, in dem das in den Kollektoren erhitzte Wasser seine Wärme abgibt und dann wieder in einem geschlossenen Kreislauf den Kollektoren zugeführt
   wird,
c) den Raumheizungselementen konventioneller Bauart, durch die in einem unabhängigen Kreislauf das Heißwasser aus dem Speichertank geleitet wird,
d) der Zusatzheizung konventioneller Bauart, die eingeschaltet wird, falls die
   Tanktemperatur unter einen vorbestimmten Wert absinkt und dann den Speichertank aufheizt.

Wegen der starken witterungsbedingten Schwankungen in der Sonneneinstrahlung bzw.

der Außentemperatur ist für die Effektivitätsberechnung einer solchen Sonnenheizung
die Verwendung von jahreszeitlichen oder monatlichen Sonnenschein- bzw. Außentem-
peraturmittelwerten unzureichend und würde zu einer Überschätzung der nutzbaren
Sonneneinstrahlung führen, da bei begrenztem Speichervolumen die Verteilung von
Sonnenscheintagen und sonnenlosen Tagen von besonderer Bedeutung ist. Unseren Berechnungen wurden Tabellen der Zentralanstalt für Meteorologie und Geodynamik über
den Tagesgang von Einsonnung und Temperatur sowie die Verteilung der Sonnentage zu
Grunde gelegt. In stündlichen Intervallen wird die Wärmebilanz eines Hauses berechnet (Sonneneinstrahlung auf die nach Süden orientierten stationären Kollektoren,
Wärmeabgabe des Hauses und des Tanks, Wärmelast der Zusatzheizung, resultierende
gespeicherte Wärmemenge). Als untere Grenztemperatur des Speichers wurde 35 $^{\circ}$C, als
obere Grenztemperatur 90 $^{\circ}$C angenommen. Die Berechnung wurde auf der Rechenanlage
CYBER 70 der TU Wien durchgeführt.

Die Berechnungen ergaben, daß das untersuchte Haus mit einer Hausoberfläche von
600 m^2 mittels 150 m^2 Kollektorfläche, 5 m^3 Speichervolumen und einer mittleren
Wärmeübergangszahl von k_H = 2 . 10^{-4} kW/m^2.$^{\circ}$C etwa 90 % seines Heizbedarfes durch
Sonnenenergie decken kann. Die Zusatzheizung müßte nur etwa 1,6 . 10^3 kWh in einer
Heizperiode aufbringen.

3.3 Anwendung der Photosynthese zur Herstellung von erneuerbaren reinen Brennstoffen

Die natürliche Umwandlung der Sonnenenergie in pflanzliches Material durch Photosynthese und die weitere Umformung dieser gespeicherten Energie in konzentriertere
Energieformen wie Erdgas, Erdöl oder Kohle ist die Basis des Weltvorrates an fossilen Brennstoffen. Da diese fossilen Energiereserven langsam aufgebraucht werden,
sollte untersucht werden, ob eine zusätzliche kontinuierliche Bereitstellung hoch-
wertiger konzentrierter Brennstoffe durch ähnliche Prozesse, wie sie auch bei der
Entstehung der fossilen Brennstoffe abgelaufen sind, möglich ist.

Die zielgerichtete Produktion von pflanzlichem Material (Bäume, Gräser, Wasserpflan-
zen, Algen) mit höherem Wirkungsgrad als im natürlichen Habitat könnte die organischen Ausgangssubstanzen liefern. Eine weitere Konversion dieser Substanzen in
Brennstoffe mit höherem spezifischen Energiegehalt (Gase, Öle, feste Brennstoffe)
ist zur effizienteren Speicherung und für die Verwendung als pollutionsarmer mo-
derner Brennstoff notwendig.

Unter Bedingungen, sie sie in natürlichen pflanzlichen Ökosystemen gegeben sind,
haben Landpflanzen (Gräser, Bäume) eine Produktivität zwischen 300 t/km^2 und 1800
t/km^2 getrocknetes Pflanzenmaterial (40 % Wassergehalt) im Jahr. Der durchschnittliche Heizwert dieser Materialien liegt bei etwa 4,8 MWh/t, so daß der Wirkungsgrad
der Photosynthese, das ist das Verhältnis von Heizwert des getrockneten Materials
und der Sonneneinstrahlung auf eine bestimmte Anbaufläche bei etwa

$$\eta = 0,3 \text{ \%}$$

liegt. Unter verbesserten Bedingungen (Düngung, Bewässerung, spezielle Anbaumethoden) können Wirkungsgrade zwischen 3 % und 5 % erreicht werden. Würde man die in dem geernteten organischen Material enthaltene Energie durch Verbrennung mit einem Wirkungsgrad von 30 % in elektrische Energie umwandeln können, so würden 3 % der Fläche der USA genügen, um im Jahre 1985 den Gesamtenergiebedarf dieses Landes zu decken. Abb. 4 zeigt schematisch die verschiedenen Möglichkeiten für eine Gewinnung von Brennstoffen aus Sonnenenergie. Das durch Photosynthese erzeugte organische Material steht in zwei Formen zur Verfügung: als lebendes pflanzliches Material bzw. als organisches Abfallmaterial (tierischer und landwirtschaftlicher Abfall, organischer Anteil in Stadtmüll). Mit Ausnahme der direkten Verbrennung (nach einem Zerkleinerungs- und Trocknungsprozeß) können sowohl lebende organische Materialien, als auch organische Abfälle nach den gleichen Verfahren konzentriert werden: Fermentation, Pyrolyse und chemische Reduktion.

Bei der Fermentation wird eine Aufschlemmung von etwa 3 % bis 20 % organischen Materials unter Luftabschluß bei Temperaturen zwischen 15 $^{\circ}$C und 50 $^{\circ}$C vergärt. Es fallen etwa 25-Gew.-% des organischen Materials als gasförmige Endprodukte (hauptsächlich Methan) an, 75 % können als Düngemittel wiederverwendet werden. Der Heizwert der anfallenden Gase beträgt etwa 5 - 6 kWh/m^3. Die Pyrolyse stellt im wesentlichen einen Prozeß destruktiver Destillation dar, der in einer sauerstofffreien Atmosphäre vor sich geht. Besonders dieser Prozeß eignet sich zur Verwertung von Stadtmüll. Pyrolyse geht bei Temperaturen von 500 - 900 $^{\circ}$C vor sich und liefert etwa 10 % gasförmige Endprodukte (H_2, CH_4, CO, Kohlenwasserstoffe), 25 % flüssige Endprodukte (Öle) und 15 % verwertbare feste Endprodukte (Teere, Kohlen). Bei Verwertung von Stadtmüll bleiben etwa 50 % Abfallstoffe (Glas, Metall, etc.) zurück. Bei der chemischen Reduktion werden die organischen Stoffe unter hohem Druck (ca. 200 atm) und bei erhöhten Temperaturen (ca 350 $^{\circ}$C) in Gegenwart von Wasser, Kohlenmonoxid und einem Katalysator teilweise zu brennbaren Ölen (Heizwert etwa 9 kWh/kg) konzentriert. Dabei wird Sauerstoff aus dem Material entfernt und erscheint als CO_2 im Produktgas (20 %).

Abb. 5 zeigt die projektierten Kosten pro thermischer Energieeinheit von gasförmigen, flüssigen und festen konvertierten Brennstoffen im Vergleich zu fossilen Brennstoffen (Projektion, USA 1972).

3.4 Elektrizitätsgewinnung aus Sonnenenergie

Aus Sonnenenergie gewonnene Elektrizität hat das Potential einer unerschöpflichen, umweltfreundlichen Energiequelle, da Sonnenkraftwerke so geplant werden können, daß sie einen minimalen Effekt auf die lokale Wärmebilanz haben. Die Frage der Errichtung von Sonnenkraftwerken ist primär eine Frage der Ökonomie unter Berücksichtigung der zukünftigen Entwicklung auf dem Sektor der Primärenergiekosten, der zukünftig sicherlich notwendigen Brenstoffsparmaßnahmen und der erforderlichen Kosten für den Umweltschutz.

Im einfachsten Fall der Sonnenenergiekonversion wird die Strahlung durch Kollektoren gesammelt und kann entweder durch Ausnutzung des Photoeffektes (Solarzellen) direkt in Elektrizität umgewandelt werden, oder die Strahlung wird in Form von Wärmeenergie in einem konventionellen thermischen Kraftwerk (thermische Konversion) in elektrische Energie umgewandelt. In beiden Fällen wird zunächst Elektrizität nur dann geliefert, solange die Sonne scheint. Alternativ kann ein Speichersystem verwendet werden (Wärmespeicher bzw. Akkumulatoren), aus dem Wärme bzw. Elektrizität bei Bedarf entzogen werden kann. Eine andere prinzipielle Möglichkeit besteht in der Konversion der Sonnenenergie (z. B. durch Elektrolyse) zu chemischen Brennstoffen (Wasserstoff und Sauerstoff), aus denen bei Bedarf wieder Elektrizität nach konventionellen Verfahren gewonnen werden kann.

Sonnenkraftwerke sind kapitalintensiv, der "Brennstoff" selbst ist jedoch kostenlos. Das bedeutet, daß aus ökonomischen Gründen ein Sonnenkraftwerk möglichst immer unter Vollast betrieben werden sollte. Besonders dann, wenn die Energie über beträchtliche Strecken transportiert werden muß, soll die Auslastung über 24 h annähernd konstant sein, um die Übertragungskosten zu verringern. Das bringt mit sich, daß sämtliche projektierte Sonnenkraftwerke mit Speichersystemen versehen sind.

3.4.1 Thermische Konversion

Eine Variante eines solar-thermischen Kraftwerkes sieht vor, daß die Sonnenstrahlung in einem fokussierenden Parabolkollektor auf ein in der Brennlinie angebrachtes Rohr konzentriert wird, in dem eine Arbeitssubstanz (flüssiges NaCl) auf Temperaturen um 750 $^\circ$C gebracht wird. Bei solchen Temperaturen ist die Verminderung der Abstrahlungsverluste durch selektive Schichten auf den Absorberrohren unbedingt erforderlich. Die Energie wird als thermische Energie in einem 100-Tage-Speicher in Form von latenter Wärme bei 750 $^\circ$C gespeichert. Aus dem Speichertank wird die Wärme mittels eines Wärmetauschers entnommen und einem konventionellen Turbinenkraftwerk zugeführt, wobei die Abwärme der Turbinen noch verwendet wird, um einen 4-Tage-Speicher auf etwa 100 $^\circ$C zu erwärmen. Aus diesem Speicher kann der Wärmebedarf der angeschlossenen Gebäude bzw. Siedlungen gedeckt werden. Die wichtigsten Parameter eines kontinuierlich arbeitenden 1000-MW-Sonnenkraftwerkes sind:

Flächenbedarf, gesamt	30 km^2
Flächenbedarf Kollektoren	16 km^2
Wirkungsgrad Kollektor	60 %

Thermischer Speicher	10^7 m^3
Wirkungsgrad, Turbinen	40 %
Wirkungsgrad, gesamt	25 %

Bei einer jährlichen Erzeugung von 8,8 . 10^9 kWh wären die Elektrizitätskosten aus diesem Sonnenkraftwerk etwa um einen Faktor 4 höher als aus einem konventionellen Kraftwerk.

Bei einer anderen technischen Alternative wird die Sonneneinstrahlung in einem 2-Achsen-Konzentrator, der aus vielen einzel orientierbaren ebenen Spiegeln besteht, auf einen zentral gelegenen Turm fokussiert, wo ein Absorber die Strahlungsenergie in Wärme überführt. Mit dieser Hochtemperaturwärme wird ein magnetohydrodynamischer Generator betrieben. Die in diesem Konverter erzeugte Elektrizität produziert in einer Elektrolysezelle aus Wasser Wasserstoff und Sauerstoff. Der anfallende Wasserstoff steht als speicherbarer Energieträger zur Verfügung. Typische Parameter für ein solches 1000-MW-Kraftwerk sind:

Flächenbedarf, gesamt	17 km^2
Flächenbedarf, Kollektoren	17 km^2
Wirkungsgrad, Absorber	60 %
Wirkungsgrad MHD (Elektrizität)	60 %
Wirkungsgrad, Elektrolyse	90 %
Wirkungsgrad, gesamt	32 %

Kostenanalysen für ein solches System liegen nicht vor.

3.4.2 Solarzellen

Die Ausnutzung des inneren Photoeffektes in Materialien wie Si und CdS zur Elektrizitätserzeugung wird bereits routinemäßig in der Raumfahrtindustrie betrieben. Hier ist wegen der geringen Größe des Energiebedarfes, der Gewichts- und Raumprobleme, der relativ kurzen erforderlichen Lebensdauer und vor allem wegen des geringen Anteiles der Energiekosten an den Gesamtkosten einer Mission die Solarzelle der günstigste Energielieferant. In terrestrischen Kraftwerken ist jedoch die Kostenfrage dominierend. Die gegenwärtigen Kosten für Siliciumzellen liegen bei etwa 32 $ pro installiertes Watt bei einer Ausbeute von 12 %, was gegenüber konventionellen Systemen noch um einen Faktor 100 verbilligt werden müßte, um konkurrenzfähig zu sein. In einem Sonnenzellenkraftwerk würde die primär anfallende Elektrizität in Elektrolysezellen Wasserstoff erzeugen, der dann in Pipelines zum Endverbraucher transportiert würde. Am Ort des Verbrauchers könnte die Elektrizität aus dem Wasserstoff und dem Sauerstoff der Luft in Brennstoffzellen erzeugt werden. Für ein 1000-MW-Solarzellenkraftwerk sind folgende Parameter zu erwarten:

Flächenbedarf, gesamt	100 km^2
Flächenbedarf, Sonnenzellen	50 km^2
Wirkungsgrad, Sonnenzellen	12 %

Wirkungsgrad, Elektrolyse	90 %	
Wirkungsgrad, Sonne-H_2		11 %
Wirkungsgrad, Brennstoffzellen	80 %	
Wirkungsgrad f. Elektr. b. Verbraucher		9 %

4 Schlußbemerkungen

Welche Schlüsse über den zukünftigen Anwendungsbereich der Solarenergie kann man aus dem oben Gesagten ziehen? Zunächst muß gesagt werden, daß keine großtechnische Anwendung erfolgen wird, bevor nicht eine ökonomische Konkurrenzfähigkeit mit anderen Alternativen gegeben sein wird. Es gibt allerdings Gründe, anzunehmen - teilweise haben sich diese Annahmen bereits in der Zwischenzeit als richtig erwiesen - daß Sonnenenergiesysteme in naher Zukunft auch ökonomisch interessant werden. Diese Vorhersage basiert auf der Gewißheit, daß die Primärenergiekosten für fossile und auch spaltbare Brennstoffe in der Zukunft stärker ansteigen werden als das allgemeine Preisniveau, also auch als die Konstruktionskosten für ein Sonnenkraftwerk. Außerdem kann erwartet werden, daß durch ein F&E-Programm, das besonderes Gewicht auf die Entwicklung kostensparender Konstruktionen und Produktionsmethoden legt, die Investitionskosten für Sonnenkraftwerke noch wesentlich gesenkt werden können. Ein solches F&E-Programm sollte folgende Schwerpunkte haben:

1) Entwicklung von Niedertemperaturkollektoren (<85 °C) für Raumheizung und Warmwasserbereitung unter besonderer Berücksichtigung niedriger Produktionskosten und hohen Wirkungsgrades.

2) Entwicklung billiger Wärmespeichermöglichkeiten für den obigen Temperaturbereich, wobei unter Berücksichtigung der allgemeingültigen Baunormen Speicherzeiten von wenigen Tagen angestrebt werden sollten.

3) Entwicklung ökonomischer Hochtemperaturkollektoren (500 °C - 1000°C), die in thermischen Kreisprozessen zur Elektrizitätserzeugung bzw. Wasserstoffproduktion eingesetzt werden können.

4) Entwicklung ökonomischer Hochtemperatur-Wärmespeicher. Kandidaten für die Speichermaterialien sind geschmolzene Salze, flüssige Metalle und Gesteinsmaterialien; Entwicklung von Wärmetransfersystemen und deren Kombination mit Hochtemperatur-Wärmespeichern und Thermokonversionskraftwerken.

5) Entwicklung verbesserter Solarzellen mit höherem Wirkungsgrad und niedrigeren Produktionskosten.

6) Entwicklung von Strahlungskonzentratoren in Verbindung mit Solarzellenanordnungen.

7) Entwicklung ökonomischer Elektrizitätsspeichersysteme in Verbindung mit Solarzellensystem.

8) Detaillierte Studien über Sonneneinstrahlung in Gebieten, die für Sonnenkraftwerke in Frage kommen.

9) Systemstudien über verschiedenartigste Berücksichtigung von Systemkosten, Finan-
zierungsmethoden und der Probleme der Verbindung von Sonnenenergieanlagen mit be-
stehenden energieverbrauchenden Systemen.

Literatur

Technology Review, Dezember 1973, S. 31 ff.

Solar Energy as a National Resource. NSF/NASA Solar Energy panel, Dezember 1972,
University of Maryland.

Solar Heating and Cooling for Buildings Workshop, Waschington/D.C., März 1973,
University of Maryland.

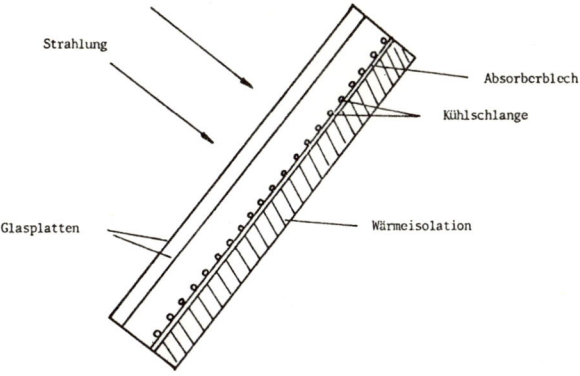

Abb. 1: Flachkollektor

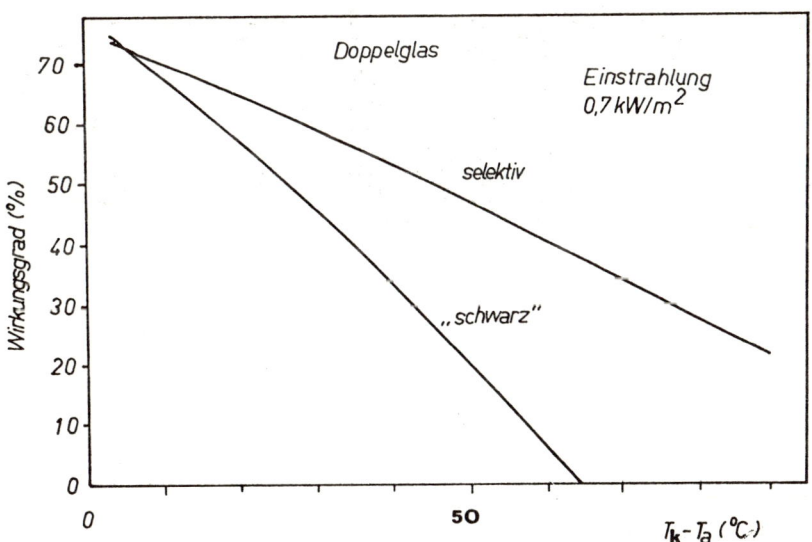

Abb. 2: Wirkungsgrad von Flachkollektoren

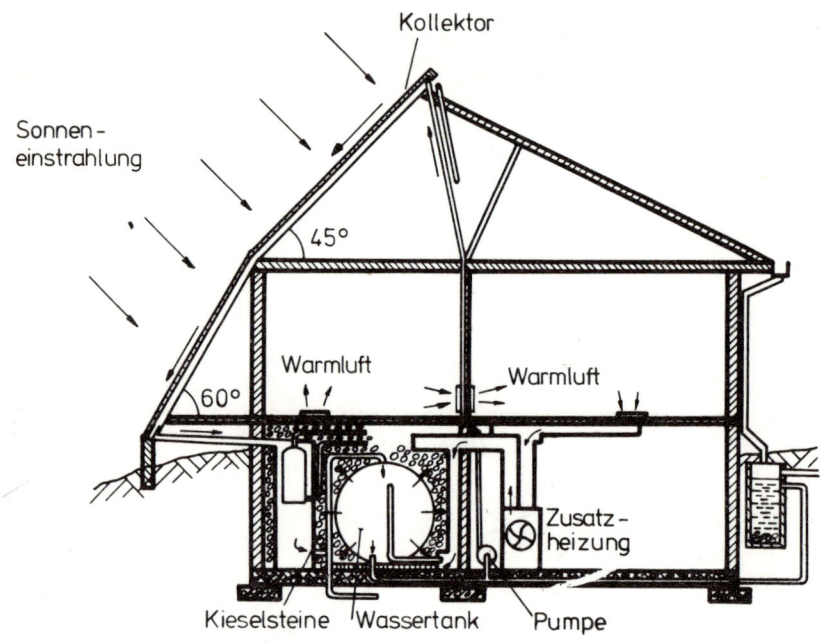

Abb. 3: Schema des mit Sonnenwärme beheizten Hauses in der Nähe
von Washington/DC. Erbaut 1959

- 119 -

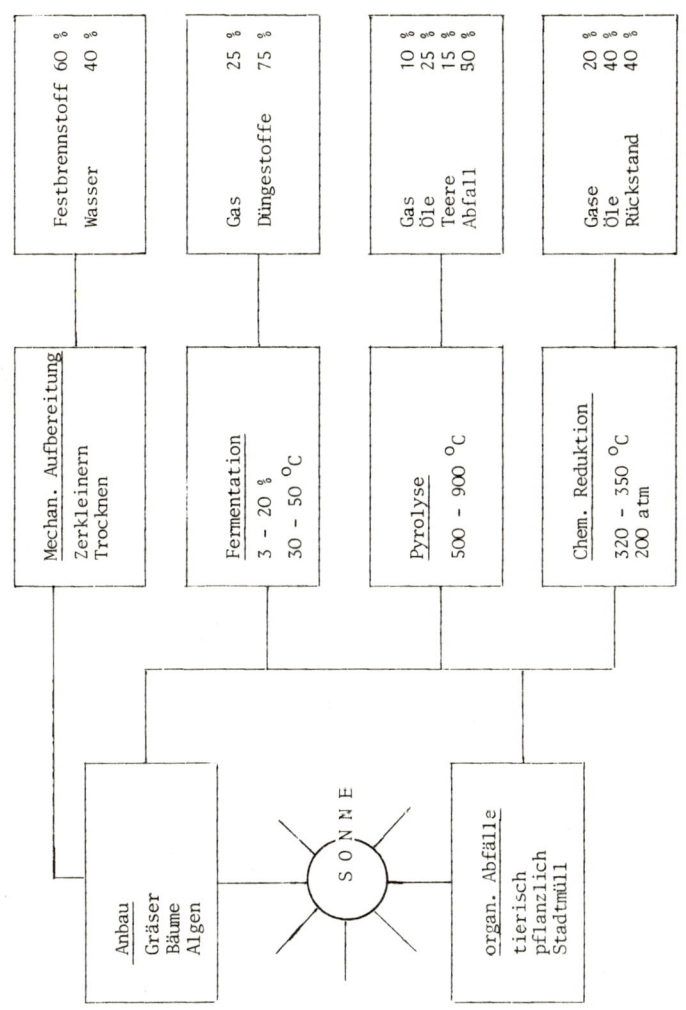

Abb. 4: Erzeugung konzentrierter Brennstoffe durch Photosynthese

- 120 -

10^{-3} US $\$$ / kWh

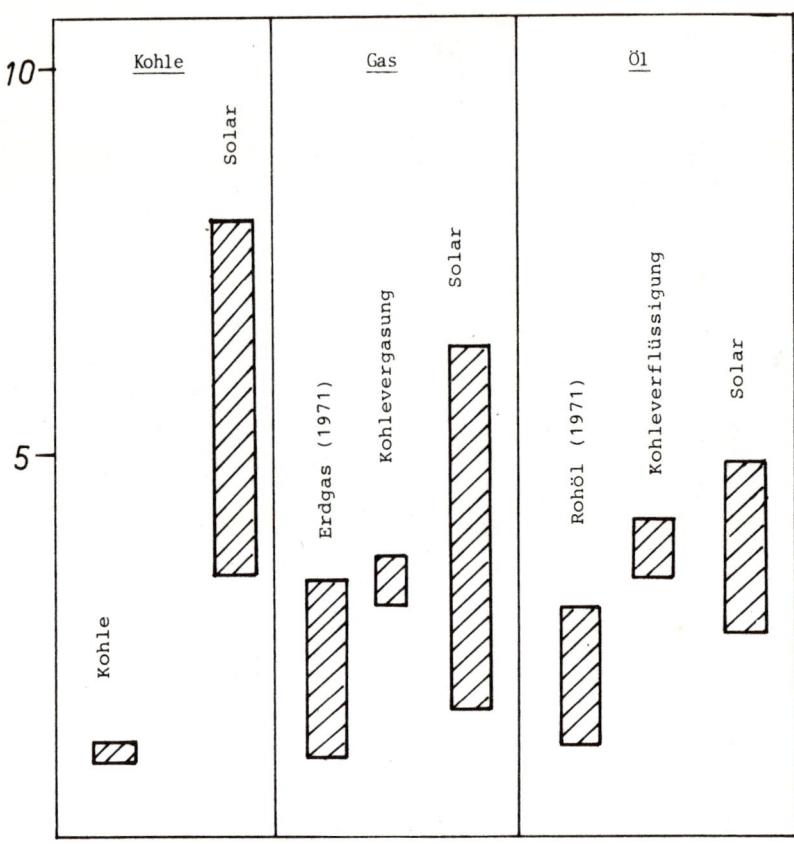

Abb. 5: Kosten für fossile und erneuerbare Brennstoffe